HOLLE VERGANGENE KULTUREN

Herausgegeben von Uwe K. Paschke

Das Goldzeitalter

Archäologie der Völkerwanderungszeit

von

TORSTEN CAPELLE

HOLLE VERLAG · BADEN-BADEN

UMSCHLAG: Goldscheibenfibel aus Mölsheim. Gold mit Einlagen. In der Mitte eine Kamee mit einem Medusenhaupt. Durchmesser 8,5 cm. 7. Jahrhundert. *Hessisches Landesmuseum, Darmstadt.*

ZUERST VERÖFFENTLICHT 1976
ISBN 3 87355 166 7

PRINTED IN AUSTRIA
OFFSET-REPROS: KLISCHEE BECKER, KARLSRUHE
UMSCHLAG- UND EINBANDGESTALTUNG:
KLAUS PACHNICKE, STUTTGART
GESAMTHERSTELLUNG: WELSERMÜHL, WELS

INHALTSVERZEICHNIS

VORWORT

Der Titel »Goldzeitalter« trifft nach bisherigem Sprachgebrauch strenggenommen nur für den nordeuropäischen Raum zu. Da aber in den letzten Jahrzehnten immer mehr bedeutende Goldfunde auch auf dem Kontinent zutage gekommen sind, ist er inzwischen für die gesamte völkerwanderungszeitliche Welt gerechtfertigt.

Die hier vorgelegte Darstellung bezieht sich vor allem auf das nichtromanische Gebiet und geht in erster Linie von den archäologischen Funden aus. Entsprechend muß sie lückenhaft bleiben.

Die fotografischen Illustrationen wurden teils vom Holle Verlag zur Verfügung gestellt, teils vom Verfasser beschafft. Die Zeichnungen wurden überwiegend von Frau M. Knüppel und Herrn K. Moths, beide Münster/Westf., nach verschiedenen Vorlagen angefertigt.

EINLEITENDE ÜBERSICHT

Die Völkerwanderungszeit wird im angelsächsischen Sprachgebrauch auch als »dark ages« – die dunklen Jahrhunderte – bezeichnet. In der Tat vermitteln die zeitgenössischen schriftlichen Quellen den Eindruck, als ob wir es mit finsteren und verworrenen Jahrhunderten zu tun hätten. Zugleich werfen aber die zahlreichen Goldfunde und der vielfarbige prunkvolle Schmuck ein glänzendes Licht auf diese Periode, die daher auch als Goldzeitalter bezeichnet wird. Einige dieser Funde werden im folgenden exemplarisch besonders Fig. 1 ausführlich behandelt.

Im engeren Sinne umspannt die eigentliche Völkerwanderungszeit nur einen Zeitraum vom Jahre 375 n. Chr. bis zum 5. Jahrhundert einschließlich. Es empfiehlt sich jedoch, sie etwas weiter zu fassen, da die verschiedenen Staatenbildungen als Ergebnis der unruhigen Zeitläufe erst im 6. Jahrhundert abgeschlossen wurden und auch im Fig. 2 7. Jahrhundert noch Erscheinungen zu beobachten sind, die ein rein völkerwanderungszeitliches Gepräge zeigen. Es gilt also, einen weiten Bereich des frühen Mittelalters zu berücksichtigen.

Ausgelöst durch den Hunnensturm sind ganze Völkerstämme westwärts getrieben und zum Teil auch Schutz suchend innerhalb der römischen Reichsgrenzen aufgenommen worden.

Doch schon in den Jahrhunderten zuvor gab es Verlagerungen der Siedlungsgebiete großer Stammesgruppen. Der römische Limes war bereits durchbrochen worden. Germanische Bevölkerungsteile siedelten sich bald auf provinzialrömischem Boden im ehemaligen Gallien und in anderen Gebieten an. Es kam so zu einer regelrechten Integration und damit erst zur Schaffung der Voraussetzungen für die Aufnahme römischen und christlichen Gedankengutes in dem seit der 2. Hälfte des 5. Jahrhunderts entstehenden geeinten Frankenreich.

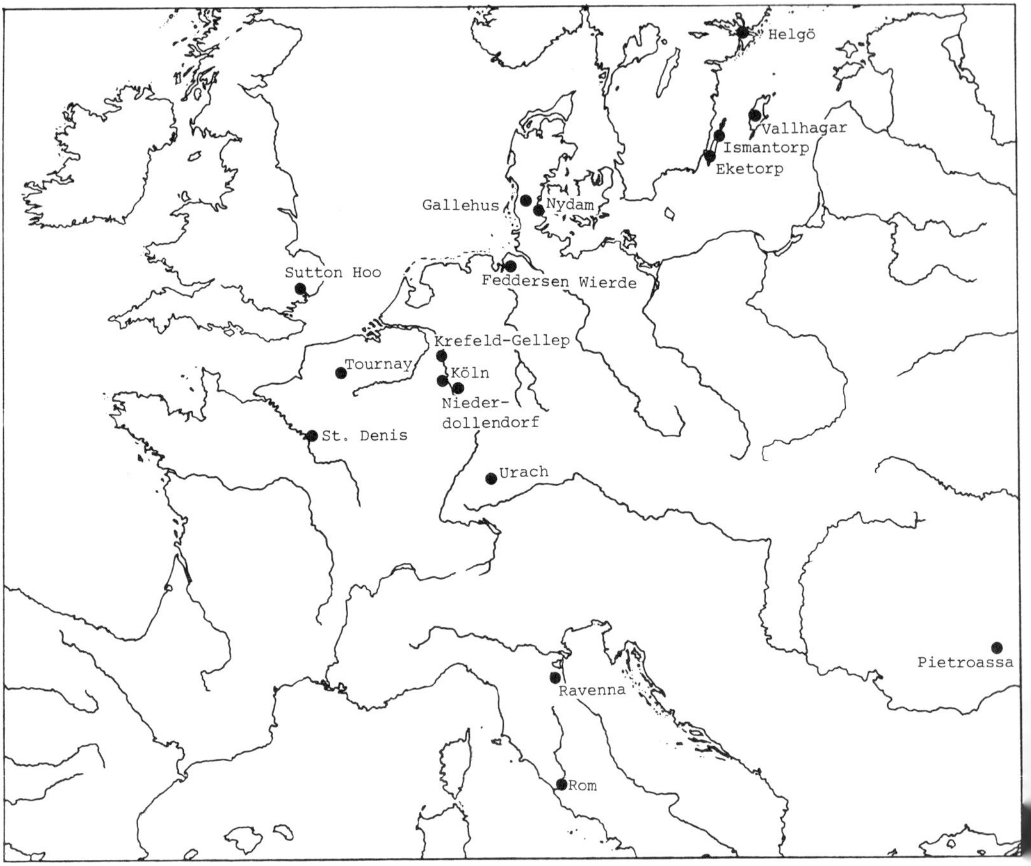

Fig. 1: Lage wichtiger, im Text behandelter Fundorte.

Das Frankenreich ist zwar unter Chlodwig seit Ende des 5. Jahrhunderts christianisiert worden, gefördert durch dessen katholische Frau Chrodechildis, doch zeugen etwa Opferfunde, magische Amulette und die Sitte der Grabausstattung mit Totenbeigaben nach wie vor von heidnischen Praktiken bis in das 8. Jahrhundert hinein.

Das unstete Leben der Wanderungs- und Landnahmezeit hat dazu geführt, daß wir nur verhältnismäßig karge Spuren von Siedlungen seßhafter Bewohner zur Verfügung haben. Die oft nur vorübergehenden Aufenthalte in bestimmten Landstrichen haben natürlich keinen archäologisch allzu gut faßbaren Niederschlag gefunden. Allerdings mögen etliche Dörfer auch unter heutigen Ansiedlungen liegen und damit weitgehend unzugänglich sein. Die wenigen vorhandenen Zeugnisse lassen keine nennenswerte Veränderung im Siedlungswesen gegenüber den voraufgegangenen Jahrhunderten erkennen. Einzelhöfe und kleine bäuerliche Haufendörfer prägen das Bild. Nur vereinzelt sind in bestimmten Gegenden, wie etwa auf der schwedischen Ostseeinsel Öland, Befestigungen zu beobachten. Stadtartige Großsiedlungen hat es aber auch jetzt noch nicht gegeben. Um so aussagefähiger sind dagegen die zahllosen Grab- und Schatzfunde.

Die Gräber sind vielfach nach heidnischem Brauch mit reichen Beigaben ausgestattet. Einheimische Traditionen spiegeln sich im Fundgut ebenso wie östliche Einflüsse, die durch die reiternomadischen Hunnen und ihre Verbündeten übertragen wurden. Die Frauen hatten offensichtlich auch nach ihrem Tode noch einen Besitzanspruch auf ihren Schmuck und andere persönliche Gegenstände, wie Kämme und Spinnwirtel, die Männer einen solchen auf ihre Waffen.

Besonders bemerkenswert ist der kunsthandwerklich hervorragend gearbeitete Schmuck. In erster Linie sind hier die Fibeln zu nennen, die eine doppelte Funktion als Sicherheitsnadel zur Schließung des Gewandes und als zierende Brosche hatten. Von den Frauen sind sie paarweise vorn an den Schultern getragen worden. Der äußere Umriß dieser Fibeln hat oft die Form eines Tieres, meist die von Vögeln. Ihre Schauseite ist immer flächendeckend verziert. Raffinierte Techniken sind dabei zur Anwendung gekommen. Der tief eingearbeitete Kerbschnitt mit seinen scharfkantigen Rillen und Graten bewirkte einen lebhaften Wechsel von Licht und Schatten; die aus dünnem

Gold- und Silberblech herausgepreßten Figuren leiteten eine halbplastische Reliefkunst ein, und die feinen Auflagen aus Gold oder Silberdraht beziehungsweise -körnchen belegen einen hohen Standard der Juwelierkunst. Diese Techniken sind auf römische Anregungen zurückzuführen. Östlicher Herkunft ist dagegen die nun einsetzende Verzierung mit farbigen Edel- und Halbedelsteinen, unter denen der meist dunkelrote Almandin an erster Stelle steht, ein Halbedelstein, der am ehesten dem heute wieder beliebten Granat vergleichbar ist. Die Steine wurden entweder plangeschliffen in Zellenmanier oder in aufgesetzten Fassungen befestigt. Dieses Verfahren wurde bis in das hohe Mittelalter geübt, wie es etwa noch Kronen und Reliquiare belegen. Die Almandine sind oft mit gerippter Goldfolie unterlegt, die einfallendes Licht besonders gut reflektiert.

An Motiven begegnen neben einfachen und komplizierten geometrischen Ornamenten vor allem Tierdarstellungen. Bei diesen ist jedoch nur selten eine naturalistische Wiedergabe angestrebt worden; es ist vielmehr eine bewußte Entfremdung vom natürlichen Objekt zu beobachten. Kaum entwirrbar sind die Extremitäten miteinander verschlungen, die Rümpfe der Vierbeiner sind verzerrt und die Köpfe zu Masken umgebildet, die jede Artbestimmung unmöglich machen. Oft fehlen sogar ganze Teile der Körper; der Goldschmied begnügte sich mit lediglich charakteristischen Details. Menschendarstellungen und pflanzliche Ornamente gehören dagegen zu den Ausnahmen innerhalb des völkerwanderungszeitlichen Motivvorrates, der übrigens auch auf einigen hölzernen Objekten recht gut belegt ist.

Die sogenannten Fürstengräber haben naturgemäß auf Grund des wirtschaftlichen Reichtums zu Lebzeiten der dort Bestatteten besonders prunkvolle Beispiele der völkerwanderungszeitlichen Kleinkunst erbracht. So vermitteln die Funde aus dem im 17. Jahrhundert entdeckten Grab des fränkischen Königs Childerich in Tournay geradezu den Eindruck, als ob hier ein Teil des Kronschatzes einschließlich der Goldmünzen dem Herrscher in das Grab gefolgt wäre. Hier liegt

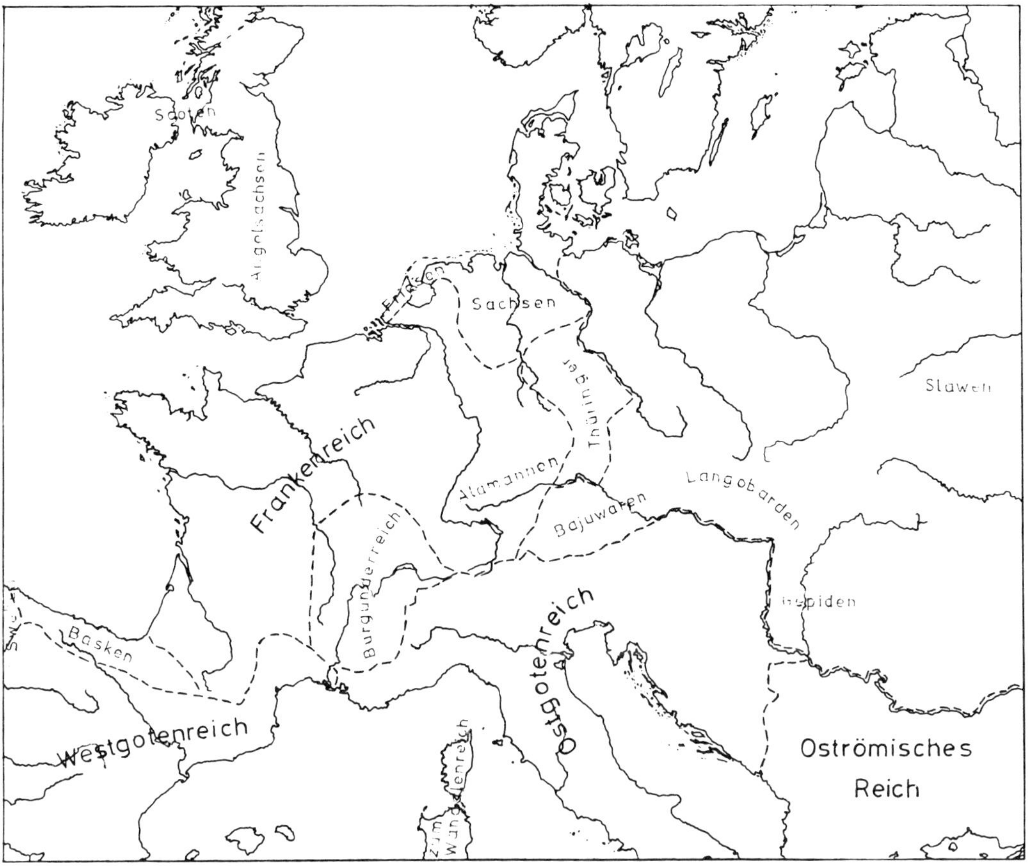

Fig. 2: Karte der Machtzentren und Stammesgebiete in Europa am Anfang des 6. Jahrhunderts.

übrigens einer der ganz seltenen Befunde vor, der aus der sonst üblichen Anonymität heraustritt. Die zeitgenössische schriftliche Überlieferung und ein geborgener Siegelring mit der Inschrift CHILDERICI REGIS bezeugen nämlich, daß hier der 481/482 verstorbene Childerich beigesetzt war. An Waffen war er ausgestattet mit dem in der Völkerwanderungszeit gebräuchlichen zweischneidigen Langschwert, allerdings in besonders wertvoller Ausführung, sowie mit einem kurzen einschneidigen Hiebschwert, dem sogenannten Sax. Diese Schwertform stellt eine Neuerung der Völkerwanderungszeit dar, die aus dem Osten übernommen worden ist und sogar schon in der Völkerwanderungszeit namengebend für einen ganzen Stamm wurde, nämlich für die Sachsen.

Umgekehrt verhielt es sich bei der Franziska, einer sehr durchschlagskräftigen Wurfaxt, die nach dem Stamm der Franken benannt wurde; auch diese ist im Grab des Childerich vertreten. Schutzwaffen fanden sich hier nicht, doch sind solche aus anderen Gräbern hinreichend bekannt. Als Defensivwaffe wurde demnach ein runder Schild benutzt, der häufig farbenprächtig bemalt gewesen sein wird. In den Fürstengräbern finden sich darüber hinaus mehrfach prunkvolle Spangenhelme, die als Vorläufer der späteren Bügelkronen gelten können und sicher schon in der Völkerwanderungszeit eine Art Würde- oder Herrschaftszeichen darstellten.

Neben den Gräbern bilden Schatzfunde die zweite Hauptquelle der völkerwanderungszeitlichen Archäologie. Bis in die jüngste Neuzeit hinein ist es in Kriegs- oder Gefahrenzeiten immer wieder zur versteckten Niederlegung von materiell wertvollen Objekten gekommen. In vor- und frühgeschichtlicher Zeit lassen sich an Hand solcher chronologisch zusammengehöriger Schatzfundhorizonte Perioden bestimmen, die von Wirren und Unruhen geprägt waren, so auch in der Völkerwanderungszeit. Zahllose Goldschätze sind entsprechend bisher zu Tage gekommen, die von ihren ursprünglichen Besitzern nicht mehr gehoben werden konnten. Sie setzen sich zusammen aus kostbaren Schmuckstücken und aus Münzen, die vielleicht im Rahmen von römischen Sold- oder Tributzahlungen zu den Germanen gelangt sind.

Nun tauchen auch erstmals in größerem Umfang Runeninschriften auf den Fundstücken auf, die archäologisch zwar kaum von Interesse, dafür aber in sprachlicher Hinsicht von großer Bedeutung sind. Es sind meist nur eingeritzte Namen oder kurze Formeln, die hier eine tatsächlich beginnende Schriftlichkeit bezeugen. Die Geradlinigkeit der einzelnen Zeichen, die nicht bloß einen Lautwert, sondern auch einen Symbolwert hatten, spricht dafür, daß diese Schrift ursprünglich für die Anbringung auf Holz gedacht war, das ja auf Grund seiner Maserung für rundliche Schriftzeichen wenig geeignet ist. Erhalten sind allerdings aus der Frühphase der Runenschrift naturgemäß fast ausschließlich Inschriften auf Metallobjekten. Einige Beispiele auf Holz sind jedoch aus den durch ihre Säure gut konservierenden Moorfunden überliefert. Nur wenige Personen werden anfangs die Anwendung der Runenschrift beherrscht haben. Darauf deutet nicht nur ihre Seltenheit hin, sondern auch die philologische Beobachtung, daß den Runenritzern vielfach Fehler unterliefen. Eine weite Verbreitung fand die inzwischen etwas abgewandelte Runenschrift erst viele Jahrhunderte später in der Wikingerzeit Nordeuropas. In diesem Zusammenhang sei für die Völkerwanderungszeit auch Ulfilas Bibelübersetzung in die gotische Sprache (unter Benutzung griechischer, aber auch lateinischer Handschriften) als eines der bedeutendsten Schriftdenkmäler dieser Periode erwähnt.

Damit sind nur einige wenige Aspekte aus der Archäologie der Völkerwanderungszeit genannt. Sie zeigen aber doch die Vielfalt des zur Verfügung stehenden Materials und der historischen Möglichkeiten, die es bietet. Die Erschließung mancher Lebensbereiche, wie etwa die des Siedlungs- und des Transportwesens, ist uns auf Grund der unsteten Lebensweise weitgehend allerdings noch verschlossen. Nur in Nordeuropa, das nicht unmittelbar von dem Hunnensturm heimgesucht wurde, können diesbezüglich gültige Aussagen getroffen werden. Hier bezeugen Schiffsfunde einen lebhaften Verkehr über Wasserstraßen, und sogar Siedlungen sehr unterschiedlicher Struktur konnten in Skandinavien ausgegraben werden. Über Jahrhunderte hin bewohnte, rein bäuerliche Dörfer existierten hier ebenso wie

befestigte Burgen und spezialisierte Siedlungen, die ausschließlich von der handwerklichen Tätigkeit ihrer Träger bestimmt waren. Aber diese Befunde lassen sich leider nicht ohne weiteres auf die zeitgleichen kontinentalen Verhältnisse übertragen.
Trotz der so durch kriegerische Auseinandersetzungen wesentlich bestimmten Völkerwanderungszeit ist gerade in dieser Periode die Grundlage für die Entstehung des christlichen Abendlandes geschaffen worden. Einheimische germanische Traditionen verschmolzen mit Anregungen römischer, christlicher und reiternomadischer Herkunft – wie es im Fundgut anschaulich dokumentiert ist. Nach den Generationen der Ausdehnung und Wanderung und nach dem dadurch mitbedingten Zusammenbruch des Römischen Reiches kam es zu neuen, dauerhafteren Machtkonstellationen und zur Entstehung neuer kultureller Zentren. Das fränkische Reich Chlodwigs übernahm dabei die führende Rolle an der Wende zum eigentlichen frühen Mittelalter.

QUELLEN UND HISTORISCHE VORAUSSETZUNGEN

Verschiedene Forschungszweige bieten einen Zugang zur Völkerwanderungszeit, doch ist kein Spezialgebiet umfassend genug, um ein zutreffendes Bild zu erstellen. Sie sind sehr unterschiedlicher Prägung und ergänzen sich gegenseitig in diesem Zeitraum, der in einer Art Niemandsland zwischen archäologisch betriebener Vorgeschichtsforschung und mit Schriftquellen arbeitender Geschichtsforschung liegt.

Die germanische Welt war in der Völkerwanderungszeit nicht selbst schriftführend. Die Runenschrift war noch nicht sehr weit verbreitet Fig. 39
und diente darüber hinaus auch nur zur Aufzeichnung sehr kurzer Bemerkungen oder gar nur einzelner Begriffe. Die geschriebenen Zeugnisse über die Geschehnisse der »dunklen Jahrhunderte« stammen entsprechend aus römischer und griechischer Hand.

Neben den Schriftquellen, die uns mehr Aufschlüsse über Ereignisse und Persönlichkeiten bieten, als daß sie Ethnographisches im weitesten Sinne enthielten, stehen die archäologischen Funde und Befunde. Sie geben Einblick in den großen Bestand an materiellen Kulturgütern, deren Entwicklung und Veränderung sowie in fast alle Bereiche des alltäglichen Lebens – vom prunkvollen Fürstenhof bis zur ärmlichen Hütte, von profaner Alltagsarbeit bis zu kultisch-religiösen Feiern und vom friedlichen künstlerischen Schaffen bis zum waffenstrotzenden Kampf.

Unruhezeiten geben sich in der Regel im archäologischen Fundgut durch ganz bestimmte Erscheinungen zu erkennen. So ist etwa der Bau von Burgen als Schutzmaßnahme ebenso typisch wie das Verstecken wertvoller Schätze. Auch verstärkte Zerstörungs- und Brandhorizonte in Siedlungen sind ein archäologisch erfaßbarer Niederschlag kriegerischer Zeiten.

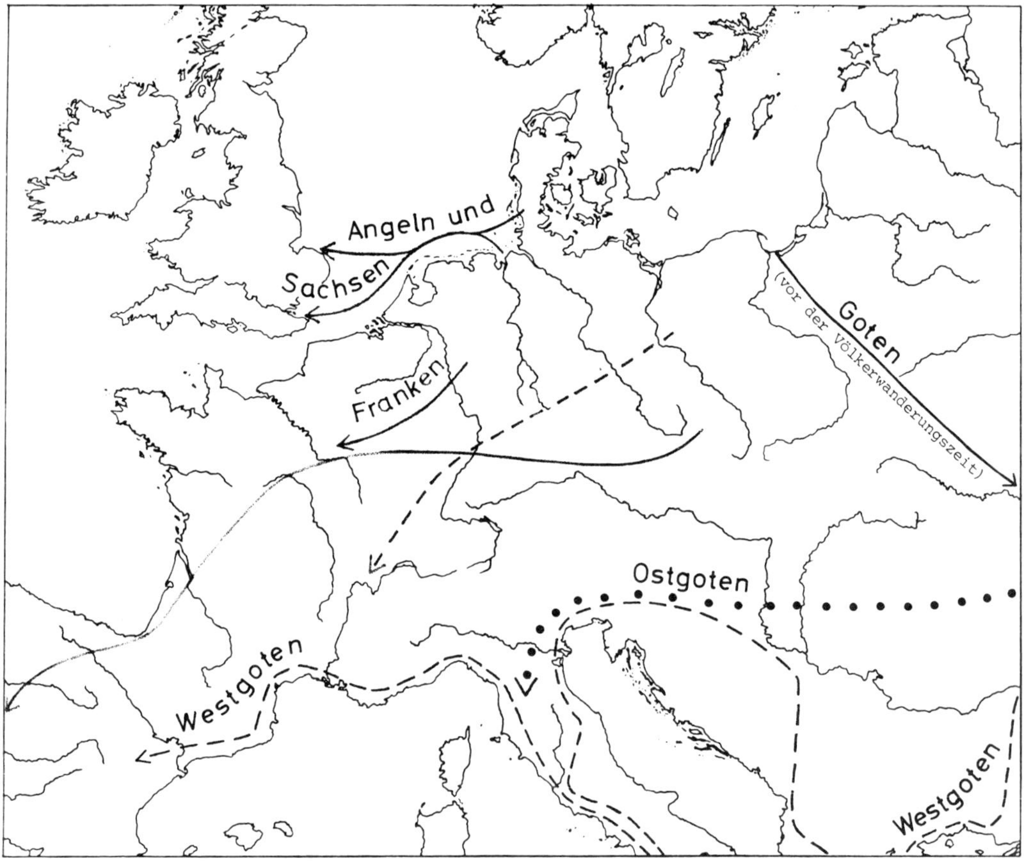

Fig. 3: Karte der wichtigsten Stammesbewegungen während der Völkerwanderungszeit.

Gleichsam zwischen den Schriftzeugnissen und den Bodenfunden stehen in ihrem Aussagewert die zeitgenössischen Bilddenkmäler, deren Spannweite von kleinen Münzen bis zu großen Mosaiken reicht. Sie vermitteln manche Details, die uns sonst verschlossen bleiben würden. Alle diese Quellengruppen sollen im folgenden berücksichtigt werden, um ein möglichst zutreffendes Bild der Völkerwanderungszeit zu entwerfen. Um den chronologischen und regionalen Rahmen des weiten hier zu behandelnden Gebietes abzustecken, sei ein kurzer Überblick über die politische Geschichte vorangestellt. Fig. 3

Eine ernsthafte Bedrohung des Römischen Reiches setzte nicht erst mit der eigentlichen Völkerwanderungszeit ein. Schon die Jahrhunderte zuvor kannten erhebliche Stammesbewegungen und Kriegszüge, die als Auftakt der Völkerwanderungen verstanden werden können. In den Jahren 168–180 n. Chr. fielen die Markomannen in Pannonien und Noricum südlich der Donau ein, für das Jahr 213 werden alamannische Stürme gegen den mittelrheinischen Limes verzeichnet, 258 fallen die Alamannen in Norditalien und die Franken in Gallien ein. 275 dringen die Alamannen ebenfalls nach Gallien vor. Nach den Kriegszügen des 3. Jahrhunderts ist vielerorts eine zunehmende Unterwanderung der provinzialrömischen Bevölkerung durch germanische Gruppen zu beobachten, die als Verbündete auf dem Reichsgebiet in Grenznähe angesiedelt wurden, um weitere Vorstöße feindlicher Scharen abzuwehren. Waren diese Erscheinungen nur Vorboten der großen Unruhen, so kann das Auftreten der Hunnen dagegen als entscheidender auslösender Faktor bezeichnet werden. Die Heimat der Hunnen liegt im Steppengürtel zwischen dem nordeurasischen Waldland und den zentralasiatischen Wüsten. In der Mitte des 4. Jahrhunderts sind sie nicht nur in Nordindien und im östlichen Perserreich belegt, sondern sie begegnen auch erstmals am Mittellauf der Donau. Von Ammianus Marcellinus werden sie schon in der zweiten Hälfte des 4. Jahrhunderts als furchterregende menschliche Wesen beschrieben: »Das Volk der Hunnen ... überschreitet in seiner Wildheit jedes Maß ... Geschöpfe von wunderlicher Häßlichkeit und krummer Gestalt, so daß man glauben könnte, es wären zweibeinige Tiere.« Im Jahre 375 dringen sie, mit Teilen verschiedener anderer Völkerschaften vermischt, in das östliche Mitteleuropa ein. Dort siedelnde ostgermanische Stämme schieben sie gleichsam vor sich her bis in das schutzbietende Römische Reich. Der Schwerpunkt hunnischer Herrschaft entstand im Bereich des heutigen Ungarn, doch waren sie zeitweise Herren über weite Teile Europas. Ihr berühmtester Herrscher war Attila (= Väterchen), dessen Machtgebiet sich vom Kaukasus im Osten bis nahezu an den Rhein im Westen erstreckte. Seit 445 allein regierend, bezog er seit 448 jährlichen Tribut von Ostrom. Vermutlich deshalb blieb es Westrom überlassen, sich seiner zu erwehren. Im Jahr 451 wurde er schließlich in der Schlacht auf den Katalaunischen Feldern in der Champagne von dem weströmischen Feldherrn Aetius, der u.a. mit Westgoten, Burgundern und Franken verbündet war, geschlagen und somit seine Vormachtstellung gebrochen. Zwei Jahre später starb er, und damit setzten zugleich auch der Rückzug der Hunnen und ihre Auflösung ein. Nur knapp drei Generationen waren sie also der unmittelbare Schrecken Mitteleuropas, doch sollten sie noch lange in Liedern und Sagen nachleben. Ihr Äußeres veränderten sie künstlich durch Abplattung von Stirn und Hinterkopf, um eine größere Schädelhöhe zu erreichen. Diese Schädeldeformation wurde durch Bandagen bereits beim Säugling vorgenommen. Die Hunnen waren reiternomadische Krieger, d.h. sie kämpften vom Pferd aus. Ihre am meisten gefürchtete Waffe, auf deren geschickte Handhabung wohl auch ihre Erfolge zurückzuführen sind, war ein kurzer Reflexbogen, mit dem sie vom Sattel aus blitzschnell ihre Pfeile abschießen konnten.

Waren die vor dem Jahre 375 erfolgten Bewegungen germanischer Stämme wohl kaum geschlossen durchgeführte, schnelle Wanderungen, sondern eher allmähliche Verlagerungen von Siedlungsgebieten in Form eines langsamen Infiltrationsprozesses, vorbereitet und begleitet von Kriegszügen, so sind die seit 375 ausgelösten Verschiebungen dagegen als echte Völkerwanderungen zu verstehen, bei denen ganze Stämme kurzfristig über weite Strecken zogen. Ist die Ursache für diese letzteren ohne Zweifel im Hunneneinbruch zu sehen, so gibt es dagegen keine so überzeugende Begründung für die Entstehung der vorhunnischen Wanderungen. Verschiedene Faktoren werden hier zusammengewirkt haben. Überbevölkerung in den Urheimatgebieten mag eine Rolle gespielt haben. Die Erweiterung des Wirtschaftsraumes ist dann durch Eroberungen vorgenommen worden, und nicht etwa durch die Kultivierung neuer Flächen oder die Nutzung weniger geeigneter Böden. Ebenso wichtig war aber sicher auch der Drang zu den Annehmlichkeiten des reichen, hochzivilisierten und warmen Südens, die den Germanen mancherorts durch ihre Grenznachbarschaft mit den Römern sichtbar geworden waren.

Der Glanz des Südens verblaßte allerdings sehr schnell. Als Theodosius I. im Jahre 395 starb, hinterließ er das Reich seinen beiden Söhnen Arcadius, der den Osten übernahm, und Honorius, der den Westen erhielt. Zwar blieb das Reich verfassungsmäßig eine Einheit, Fig. 4 doch wurde es durch die Teilung wesentlich empfindlicher gegen Bedrohungen von außen. Gefördert wurde diese Schwäche zusätzlich durch die entstehende gegenseitige Rivalität der beiden Reichsteile. Vor allem der Westen war starken Angriffen der Germanen ausgesetzt. Seit etwa 400 war Ravenna die Hauptstadt des Weströmischen Reiches. Stilicho, ein Wandale im kaiserlichen Dienst, war hier der Fig. 43 eigentliche Machthaber. Aber auch er vermochte sich der vordringenden Germanen nicht zu erwehren. Im Jahre 406 gab er die Rheingrenze auf, um Italien sichern zu können. Doch bereits 410 wurde Rom durch die Westgoten unter Alarich I. eingenommen. Erneut ist es 455 von den Wandalen geplündert worden. 476 schließlich wurde der letzte weströmische Kaiser Romulus Augustulus abgesetzt. Das Heer rief den Skiren Odovaker zum Herrscher aus, an dessen Stelle sich allerdings bald der Ostgote Theoderich setzte. Theoderich und seine Goten sollten für etwa eine Generation Italien in einem Maße prägen, das seine deutlichen Spuren bis heute hinterlassen hat.

Die Urheimat der Goten liegt im mittleren Südschweden. Bereits im 1. Jahrhundert nach Christus ist ihre Anwesenheit an der unteren

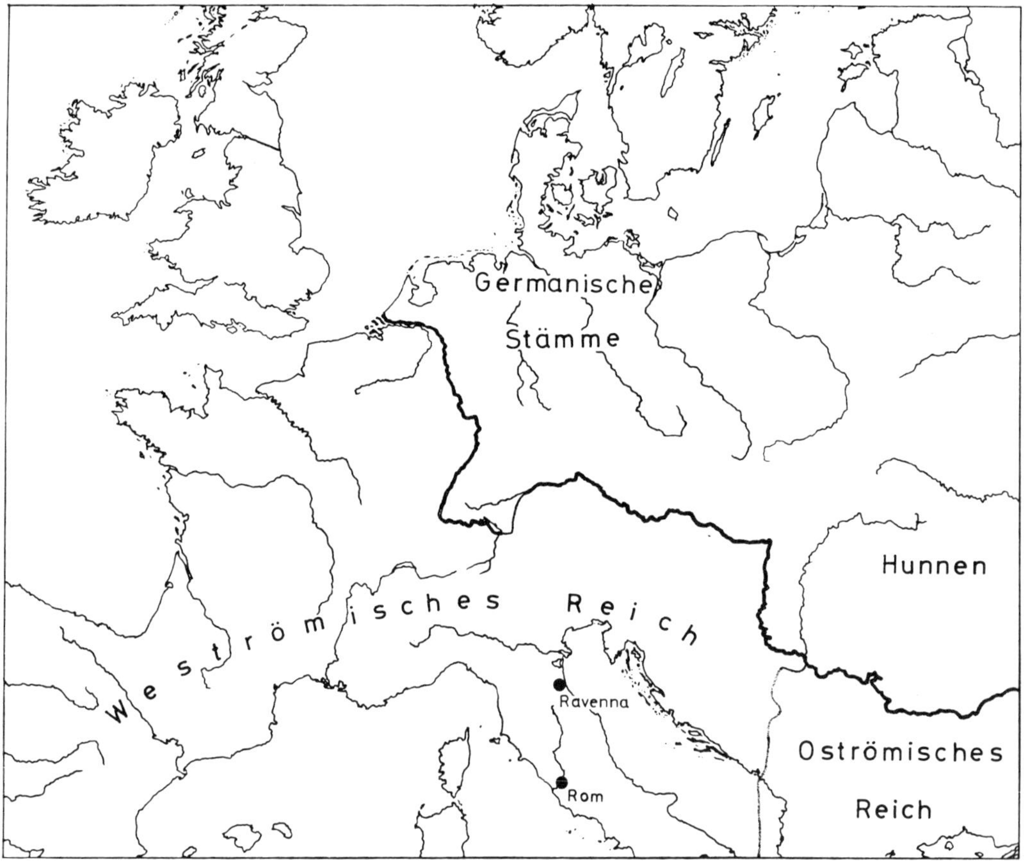

Fig. 4: Das Weströmische Reich nach der Teilung im Jahre 395 n. Chr.

Weichsel überliefert, und noch vor dem Ende des 2. Jahrhunderts müssen sie bis zum Schwarzen Meer vorgedrungen sein. Tacitus nennt sie Gotones, Ptolemäus bezeichnet sie als Gutaki, und seit dem 3. Jahrhundert werden sie als Gothi in der zeitgenössischen Überlieferung geführt. Wohl in der zweiten Hälfte des 3. Jahrhunderts trennten sie sich in Ost- und Westgoten. Nach einem nur kurzfristig wahr-

genommenen Ansiedlungsvertrag, im Rahmen dessen sie 376 als Verbündete im Reich Aufnahme gefunden hatten, und nach Plünderungszügen auf dem Balkan und in Italien, gelangten die Westgoten im frühen 5. Jahrhundert in das südliche Frankreich und nach Spanien, wo sie eines der wenigen Germanenreiche auf ehemals römischem Boden errichteten, das über längere Zeit hin bestehen sollte. Die Ostgoten festigten dagegen ihr Herrschaftsgebiet in Südrußland und erreichten dort ihre größte Ausbreitung unter Ermanarich noch vor dem Hunneneinfall. Während dieser Zeit haben sie sich im Schwarzmeergebiet an die römische Umwelt gewöhnen können. Durch die Hunnen westwärts gedrängt, wurden sie 455 als Verbündete (Foederaten) in Pannonien angesiedelt. Im Jahre 471 übernahm Theoderich ihre Füh- ABB. 1
rung, der gegen Ende des 5. Jahrhunderts mit Erfolg die Eroberung Italiens betrieb. 493–526 herrscht er in oströmischem Auftrag in Italien. Eine Vermischung der Goten mit der einheimischen Bevölkerung wurde streng unterbunden: gefördert durch den religiösen Gegensatz von Arianern (die glaubten, daß Gott und Christus wesensähnlich seien) und Athanasianern (die an eine Wesensgleichheit von Gott und Christus glaubten) bestand ein Heiratsverbot; den Kriegsdienst durften nur die Goten leisten, Verwaltung und Wirtschaft lagen dagegen in den Händen der Römer. Theoderich war nicht nur König der Goten, sondern zugleich auch als Patricius Beauftragter des oströmischen Kaisers. Er wollte das Erbe Roms antreten und mit germanischer Hilfe erhalten und erneuern. Durch Bündnisverträge mit anderen germanischen Herrschern sowie durch Heiratspolitik versuchte er, das germanische Staatensystem zu festigen. In seinem eigenen Machtbereich, der sich nicht nur über Italien und Sizilien erstreckte, sondern auch über Rätien, Dalmatien sowie Teile Pannoniens und Noricums, trat tatsächlich eine Zeit der Ruhe und damit auch kultureller Entfaltung ein. Zwar konnte er selbst weder schreiben noch lesen, doch förderte er Kunst und Wissenschaft in erstaunlichem Ausmaß. So setzte er z. B. einen curator

statuarum, d. h. einen Denkmalpfleger für alle Werke der Bildhauerkunst ein, um die Tradition der Antike zu wahren, und entwickelte selbst eine erhebliche Bautätigkeit. Sein großer Palast in Ravenna ist leider nicht mehr erhalten, doch ist er auf einem Mosaik in San Apol-
ABB. 2 linare Nuovo, der noch heute stehenden Palastkirche Theoderichs,
ABB. 3 wiedergegeben. In der Nähe der Stadt ließ er sein gewaltiges Grabmal aus großen Quadersteinen aufführen. Über diese Denkmäler hinaus sollte Theoderich der Große noch lange in der Sagenwelt nachleben.

Neben den Goten zählen die Burgunder und die Wandalen zu den anderen großen ostgermanischen Stämmen, die eine wesentliche Rolle bei der germanischen Staatenbildung auf römischem Boden spielten.

Unter hunnischem Druck waren die Burgunder, gemeinsam mit Sueben und Wandalen, westwärts bis an den Rhein in Süddeutschland vorgerückt. Im Jahre 407 überquerten sie den Rhein. Bald danach wurden sie unter ihren eigenen Königen um Worms auf Reichsgebiet angesiedelt. Nach ihrer 438 erfolgten Niederlage durch die Hunnen wurde ihnen neues Siedlungsland an der oberen Rhône zugewiesen. Burgund sollte später zu einem der drei merowingerzeitlichen Reichsteile werden. Die Wandalen hatten den Rhein bereits im Jahre 406 überschritten und waren dann in den folgenden Jahren durch Gallien und über die Iberische Halbinsel gezogen. 429 führte sie ihr König Geiserich über die Meerenge von Gibraltar nach Nordafrika. Damit wurde erstmals von einem germanischen Stamm eine gewaltige Flotte aufgestellt,über deren Herkunft und Aussehen jedoch nichts bekannt

Abb. 1: Zeitgenössisches Medaillon mit dem Bildnis Theoderichs des Großen. Die Kleidung des Königs ist byzantinisch, die Haartracht gotisch. Vorder- und Rückseite.

Abb. 2: Innenansicht mit Mosaiken von San Apollinare Nuovo, der Palastkirche Theoderichs des Großen in Ravenna. Begonnen Anfang 6. Jahrhundert.

1

2

3

ist. Das Wandalenreich in Nordafrika, das einzige germanische Reich außerhalb Europas, war nicht von langer Dauer. Es bestand nur ein gutes Jahrhundert und wurde nach raschem Verfall seit 534 oströmische Provinz, ohne nennenswerte Spuren zu hinterlassen. Vielleicht ist die schnelle Auflösung der Wandalen mit ihrer zunehmenden Verweichlichung zu begründen, denn so schildert sie ein zeitgenössischer Berichterstatter: »Von allen Völkern, die wir kennen, ist das der Wandalen das weichlichste ... Die Wandalen haben sich nämlich samt und sonders, seitdem sie Afrika in Besitz genommen haben, daran gewöhnt, jeden Tag Bäder zu nehmen und sich an einer Tafel gütlich zu tun, die von allem strotzt, was Land und Meer an leckersten und erlesensten Genüssen hervorbringen. Sie trugen in weitgehendstem Maße goldene Schmucksachen und persische Gewänder, die man jetzt ›serische‹ nennt, und vertrieben sich die Zeit in Theatern, bei Pferderennen und anderen Vergnügen, vor allem aber auf der Jagd. Sie hielten sich auch Tänzer und Schauspieler und leisteten sich vielerlei Genüsse für Auge und Ohr, die unter den Menschen als den Musen geweiht und irgendwie sehenswert gelten.«

Wie die Wandalen haben auch die Angeln und Sachsen Schiffe im Rahmen ihrer Wanderung benutzt. Aus ihrer Heimat auf der kimbrischen Halbinsel und an der Nordseeküste sind große Teile dieser beiden Stämme, denen sich auch noch Teile der Jüten anschlossen, nach Südengland ausgewandert. Ihre Hinterlassenschaften stellen das Paradebeispiel einer archäologisch erfaßbaren Wanderung dar: aus der Fig. 20

Abb. 3: Grabmal Theoderichs des Großen in Ravenna. Der zehneckige Zentralbau ist mit einem gewaltigen kuppelförmigen Monolithen gedeckt. Das oben umlaufende Zangenornament gehörte auch zum Motivvorrat gotischer Feinschmiede.

Abb. 4: Porta Nigra – das zwischen 313 und 316 errichtete Nordtor der Stadtmauer von Trier. Römische Bauten dieser Art haben keine Anregungen für germanische Steinarchitektur geliefert.

ersten Hälfte des 5. Jahrhunderts finden sich sowohl auf dem Kontinent als auch im südlichen England dieselben Keramik- und Schmuckformen; danach zeigen diese Fundarten in beiden Gebieten ohne gegenseitige Impulse unabhängige, lokale Eigenentwicklungen.
Fast ebenso spät wie die Wanderung der Angeln und Sachsen setzte die Bewegung der ihnen ursprünglich an der Niederelbe benachbarten Langobarden ein, die um 400 bis in den Bereich nordöstlich des Donauknies zogen, später ihre Wohnsitze auf das Gebiet des heutigen Ungarn verlagerten und schließlich im Jahre 568 nach Norditalien wanderten.
An den großen Bewegungen der Völkerwanderungszeit haben sich die Thüringer und Bayern nicht beteiligt. Die Thüringer sind erstmals am Ende des 4. Jahrhunderts als Thoringi belegt. Sie sind wahrscheinlich auf die Hermunduren zurückzuführen, die um Christi Geburt in Mitteldeutschland ansässig waren. Seit dem 5. Jahrhundert dehnten sie ihre Herrschaft bis zum Main und an die Donau aus. Von den verbündeten Franken und den auf dem Festland verbliebenen Sachsen 531 geschlagen, wurden sie seitdem zu einem Bestandteil des Frankenreiches.
Noch unsicherer ist die Herkunft der Bayern – Bajovarii, die plötzlich in der Mitte des 6. Jahrhunderts auftreten. Der Name könnte auf eine Bezeichnung der Bewohner Böhmens zurückgehen. Sollte das zutreffen, würden die Markomannen, die während der römischen Kaiserzeit in Böhmen siedelten, als der Kern des bayerischen Stammes anzusehen sein.
Von entscheidender Bedeutung waren für das Werden des frühmittelalterlichen Abendlandes die Alamannen und die Franken.
Die Alamannen werden 212 zum ersten Mal erwähnt. Sie sind aus Teilen der Sueben hervorgegangen. Aus dem Namen »Sueben« hat sich der Landschaftsname Schwaben entwickelt, und damit ist zugleich der Kern des alamannischen Siedlungsgebietes in Südwestdeutschland bezeichnet. Der Name Alamannen deutet an, daß dar-

unter ein Zusammenschluß »aller Männer« verstanden wurde oder zumindest eine Art Verband der kriegsfähigen Männer. Seit der Mitte des 3. Jahrhunderts sind sie zwischen oberer Donau und Mainmündung nachweisbar. Nach dem Zusammenbruch der römischen Grenzverteidigung zu Beginn des 5. Jahrhunderts drangen sie über den Rhein vor. Seit der Entscheidungsschlacht mit den Franken im Jahre 496 blieben sie als fränkische Untertanen in Südwestdeutschland, im Elsaß und in der Nordschweiz. Damit war auch der eigentliche Beginn fränkischer Vorherrschaft nördlich der Alpen gegeben.

Seit 258 wurden einige kleinere, am Rhein wohnhafte Stämme von den Römern summarisch als Franken bezeichnet. Im 4. und 5. Jahrhundert waren sie bereits auf römischem Reichsgebiet als Verbündete ansässig und daher mit römischer Lebensart vertraut. Zum Teil waren sie selbst erobernd dorthin vorgedrungen, zum Teil aber auch als Kriegsgefangene dort angesiedelt worden. Durch dieses lange Mit- und Nebeneinander erklärt sich, daß einige wesentliche Elemente römischer Kultur trotz der zerstörerisch wirkenden Unruhen der Völkerwanderungszeit gerade in Gallien bis in die Merowingerzeit und sogar darüber hinaus fortlebten. Das gilt sowohl für Einrichtungen der Kirche als auch für Bereiche des Wirtschaftslebens. Erleichtert wurde dieser Vorgang dadurch, daß die Germanen vor allem mit militärischen Aufgaben betraut waren und dadurch sehr bald eine Oberschicht stellten. Immer wenn die neuen Machthaber ein Interesse an der Weiterführung bestehender Verhältnisse hatten, hielten sich diese ungebrochen. So bestanden die großen Sigillatamanufakturen im belgischen Raum ebenso bis in das 5. Jahrhundert fort wie die Glashütten und Bronzewerkstätten. Auch Obst- und Weinbau scheinen keine Unterbrechung erfahren zu haben.

In anderen Lebensbereichen sind dagegen erhebliche Störungen durch die Neusiedler zu beobachten. Römische Steinbauten dienten vielfach als regelrechte Steinbrüche. Die gewaltigen Wasserleitungen blieben weitgehend ungenutzt, da die Franken sich an offenen Gewässern niederließen, und auch die gepflasterten Überlandstraßen verfielen, da mit den neuen Ansiedlungen auch ein neues Verkehrsnetz geschaffen wurde. Sogar die großen Städte wurden oft aufgegeben und nur von mehr oder weniger kleinen Gruppen der verbliebenen Provinzialbevölkerung weitergenutzt – vor allem, wenn eine vorteilhafte Verkehrslage dieses ermöglichte. Vereinzelt wurden die organisierten Städte von kleinen unregelmäßigen fränkischen Haufendörfern überlagert. Die Dorfsiedlung, im Gegensatz zu den voraufgehenden, einzeln gelegenen Gutshöfen und städtischen Zentren, sollte für das allmählich immer stärker frankonisierte Gallien seit der Völkerwanderungszeit charakteristisch werden.

So wenig wie die Franken von Anfang an eine ethnische Einheit waren, so wenig unterstanden sie gleich einer zentralen politischen Führung. Lokale Herrscher – fußend auf der alten Tradition, daß Germanen mit hohen militärischen Führungspositionen im Reich betraut waren und sich diese sogar später noch vom Kaiser bestätigen ließen – etablierten sich westlich des Rheins. Einer von ihnen war Childerich, der im Jahre 481/482 starb und dessen Residenz sich in Tournay befand. Sein Sohn Chlodwig wurde gegen Ende der Völkerwanderungszeit die bedeutendste Herrschergestalt nördlich der Alpen, der es gelang, die machtpolitische Basis für das spätere »Heilige Römische Reich Deutscher Nation« zu legen. Auf grausame Weise beseitigte er die verschiedenen Gaukönige, und auch vor der Vernichtung seiner eigenen Familienmitglieder schreckte er nicht zurück, wenn zu fürchten stand, daß sie ihm seinen Machtanspruch streitig machen würden. Solchermaßen politisch gefestigt, entfaltete er rasch eine umfassende fränkische Eroberungspolitik. 486 besiegte er den römischen dux Syagrius, fügte dessen zwischen Somme und Loire gelegenes Reich dem fränkischen hinzu und vernichtete damit zugleich die letzte römische Herrschaft in Gallien. 496 besiegte er die Alamannen. Für den Fall eines Sieges über ebendiesen Stamm hatte er auf Veranlassung seiner Frau, der burgundischen Prinzessin Chrodechil-

Fig. 42, 44

dis, den Übertritt zum Katholizismus gelobt. Damit war endgültig die Grundlage für die dominierende Rolle der katholischen Kirche auch als Träger kultureller Traditionen gelegt. Chlodwigs Versuch, im Jahre 500 das Burgunderreich zu erobern, scheiterte, doch gelang ihm – unterstützt von der Kirche – im Jahre 507 ein Sieg über die Westgoten. Nahezu der gesamte westgotische Reichsteil nördlich der Pyrenäen wurde damit dem Frankenreich einverleibt. 511 in Paris gestorben, vererbte er seine Herrschaft an seine vier Söhne. Diese führten die Eroberungspolitik fort, indem sie 531 das Thüringerreich und 532–534 schließlich auch das Burgunderreich unterwarfen. Damit war ein großes zusammenhängendes Frankenreich geschaffen.

Am Ende der Völkerwanderungszeit, d. h. in den Jahrzehnten um die Mitte des 6. Jahrhunderts, gab es im ehemals Weströmischen Reich abgesehen von wenigen kleinen Teilbereichen fast nur noch germanische Staaten; die Iberische Halbinsel wurde von den Westgoten beherrscht, England von den Angeln und Sachsen, Italien von den 568 eingedrungenen Langobarden und der größte Teil des zentralen Mittel- und Westeuropa von den Franken.

Von all diesen Geschehnissen auf dem europäischen Kontinent weitgehend unberührt blieb im germanischen Siedlungsgebiet nur der Norden. Einwirkungen von den großen Unruheherden sind hier nur indirekt zu verspüren.

HAUS UND SIEDLUNG

Nach römischer Manier Häuser aus Stein zu erbauen, ist in der germanischen Welt des frühen Mittelalters nicht üblich gewesen. Obgleich im provinzialrömischen Bereich genügend Anregungen für die Steinarchitektur hätten aufgenommen werden können, ist es bei der hergebrachten Holzbauweise geblieben. Erst im 7. Jahrhundert entstanden in Randgebieten vereinzelt große gemauerte Bauwerke wie die angelsächsische Kirche von Brixworth und der westgotische Palastbau von Naranco. Im Gegensatz zu dem etwa zeitgleichen irischen Gallerus Oratorium, das nur aus trocken übereinandergeschichteten Steinplatten errichtet ist, sind diese mit Mörtel als Bindemittel gemauert worden. Sie können in ihrer Perfektion nicht auf einheimischer Erfahrungsgrundlage und Bautradition entstanden sein, sondern sind in bautechnischer Hinsicht unter Nutzung mediterraner Tradition aufgeführt worden. Abgesehen von verbliebenen römischen Gebäuden gab es auch in der Völkerwanderungszeit sowohl im sakralen als auch im profanen Bereich nur den Holzbau – sei es als Pfostenbau, sei es als Fachwerkbau. Venantius Fortunatus betont noch in der Mitte des 6. Jahrhunderts ausdrücklich die Vorteile des Holzmaterials gegenüber dem verachtenswerten Stein. Schwierigkeiten bot nur die Beschaffung eiserner Nägel, die laut Gregor von Tours sogar aus Altbauten zur Wiederverwendung entfernt wurden. Entsprechend wurden die einzelnen Bauteile auch überwiegend durch hölzerne Zapfen und Dübel miteinander verbunden.

ABB. 5
Fig. 5
Fig. 6

Fig. 5: Westgotischer Palastbau von Naranco in Spanien. Der königliche Saalbau ist später in eine christliche Kirche umgebaut worden.

Nach Übernahme des Christentums finden sich auf fränkischen, bajuwarischen und alamannischen Gräberfeldern vereinzelt kleine Pfostenbauten mit Ausmaßen von nur wenigen Metern, die am ehesten als eine Art Grab- oder Friedhofskapellen gedeutet werden können. Ein verhältnismäßig großer Bau konnte unter der heutigen Pfarrkirche von Pier bei Aachen freigelegt werden. Es ist ein Bau des späten 7. Jahrhunderts, der wie die zugehörigen Bestattungen nordost-südwest gerichtet ist. Von der dreischiffigen Anlage waren nur noch die Spuren der Pfosten erhalten. Diese ließen aber einen Kirchenbau von 15 m lichter Länge und 8,20 m Breite erkennen, zu dem im Nordosten ein rechteckiger Chor von 3,10 × 4,10 m Größe gehörte.

Fig. 7

Ähnlich einfach sind die Wohn- und Wirtschaftsgebäude der Völkerwanderungszeit konstruiert. Im Nordseeküstenbereich sind Wohn- und Stallteil oft unter einem Dach untergebracht, während weitere Bauten wie Scheunen, Werkstätten und andere Arbeitsräume gesondert stehen. Manche kleinen Räume sind bis zu 1 m in den Erdboden eingetieft; sie haben daher die Bezeichnung Grubenhäuser erhalten. Diese können sowohl als Lagerräume als auch als Wohn- und Arbeitsräume – etwa Webstuben – gedient haben. Im Gegensatz zu den Wohngebäuden kann bei den übrigen häufig geradezu von einer Leichtbauweise gesprochen werden. Nur im Norden machen die Häuser durchweg einen sehr stabilen Eindruck. Sie besitzen hier vielfach ein breites Steinfundament als Basis für starke Sodenwände, die ebenso wie das Dach von einem Pfostengerüst gestützt wurden.

Abb. 5: Kirche von Brixworth in Northampton. Angelsächsischer Bau aus dem 7. Jahrhundert.

Abb. 6: Adlerfibel von Cesena. Goldene Prunkfibel aus einer ostgotischen Werkstatt. Von den zwischen den aufgesetzten Stegen befestigten plangeschliffenen Almandinen sind nur noch wenige bewahrt. Ausgehendes 5. Jahrhundert.

6

7

8

Aus dem Norden liegt eine weitere Beobachtung vor, die zwar bisher für die Völkerwanderungszeit ziemlich einzigartig ist, dennoch aber wohl für andere Gebiete zutreffen kann. Es handelt sich um die Siedlung Sorte Muld auf der Insel Bornholm. Vor dem Eingang eines Hauses befand sich hier eine runde Grube, in der der Schädel und die Extremitäten eines Pferdes lagen. Die offensichtliche Auswahl dieser Knochen entspricht derjenigen kaiserzeitlicher Mooropferplätze. Der Bezug der Grube zum Haus ist unverkennbar, so daß dieser Befund sicher als ein Bauopfer zu deuten ist.

Größere Siedlungen der Völkerwanderungszeit im engeren Sinne, die Aufschlüsse über die innere Struktur eines solchen Wohnplatzes bieten könnten, sind in Mitteleuropa bisher kaum beobachtet worden. Das mag darauf zurückzuführen sein, daß sie später überbaut worden und daher dem Archäologen nicht mehr zugänglich sind. Doch mag dieser Mangel ebenso darin begründet liegen, daß in dieser unruhigen Zeit mit ihrer unsteten Lebensweise in großem Umfang nur Häuser gebaut wurden, die kaum tiefgreifende Spuren hinterlassen haben, da sie nicht für eine Nutzung über mehrere Generationen hin gedacht waren. Einiges lassen aber bisherige Ausgrabungen dennoch erkennen. Die übliche Siedlungsform dieser Periode ist demnach ein offenes, unbefestigtes Gehöft gewesen oder ein kleines Dorf mit einer bunten Mischung von Wohn- und Wirtschaftsgebäuden. Diese Charakterisierung ist sogar für ehemals provinzialrömisches Gebiet zutreffend. Nur vereinzelt ist dort römisch beeinflußtes Siedeln in der Fortführung einiger weniger Gutshöfe zu beobachten. In

Abb. 7: Schmuck aus dem Frauengrab unter dem Kölner Dom. Zwei Scheibenfibeln, verschiedene Anhänger und sekundär mit Ösen versehene Goldmünzen. 1. Hälfte 6. Jahrhundert.

Abb. 8: Waffen der Völkerwanderungszeit im Römisch-Germanischen Museum in Köln: Spatha, Sax, Ango, Franziska und Schildbuckel von unbekannten Fundorten.

Fig. 6: Gallerus-Oratorium auf Irland. Kleiner Kirchenbau des 6. oder 7. Jahrhunderts ohne Mörtel im Trockenmauerwerk mit falschem Gewölbe aus überragenden Steinen gebaut.

keinem Falle hat das allerdings zur Annahme städtischen Wohnens geführt. Das wird besonders deutlich am Beispiel von Köln. Diese geplant angelegte Stadt hatte in römischer Zeit eine große Bevölkerungszahl. Sie war nicht nur der Mittelpunkt einer weiträumigen Verwaltung, sondern zugleich auch kultisches Zentrum. Als die Franken um die Mitte des 5. Jahrhunderts das linke Rheinufer in Besitz nahmen, ging auch Köln in ihre Hände über. Zwar zeugen einige sehr reiche Gräber des 6. Jahrhunderts aus dem Stadtbereich davon, ABB. 7, Fig. 19 daß führende Persönlichkeiten hier ihren Sitz gehabt haben müssen, doch gibt es keinerlei Anhaltspunkte für die Beibehaltung städtischer Lebensform. Im Gegenteil, es ist hier eher die Auflösung der vormaligen Stadt festzustellen. Weite Teile innerhalb der römischen Stadtmauer sind wüst geworden. Anstelle einer überregional bedeutsamen Stadt ist nicht einmal der Ansatz dazu in Form eines zusammenhängenden Großdorfes verblieben. Erst in der frühen Karolingerzeit sollte Köln wieder erstarken.

Fehlen zwar für weite Gebiete Siedlungen, so können doch die bevorzugten Siedlungsgebiete und deren Dichte einigermaßen erschlossen werden. Zum Teil ist das mit Hilfe der Ortsnamenforschung möglich, wie beispielsweise im burgundischen Gebiet, wo so eine besondere Siedlungsdichte naturgemäß an den größeren Flüssen und Seeufern zu erkennen ist. Zum anderen zeigen die Lage von Gräberfeldern und deren Belegungsdichte, daß in ihrer unmittelbaren Nähe entsprechende Siedlungen bestanden haben müssen. So zeichnen sich ausgedehnte Besiedlungsschwerpunkte ab an der oberen Donau zwischen Bodensee und Neckar, am Ober- und Mittelrhein sowie an der oberen Seine und am Oberlauf der Maas. Andere Gebiete sind lichter besiedelt gewesen. Die Friedhöfe zeigen allerdings nicht an, ob sie nur zu einer geschlossenen Ansiedlung gehört haben, oder ob sie in der Art späterer Kirchspielfriedhöfe für die Bewohner im weiteren Umkreis bestimmt waren. Zumindest in der Frühzeit wird diese zweite Möglichkeit häufig in Betracht zu ziehen sein.

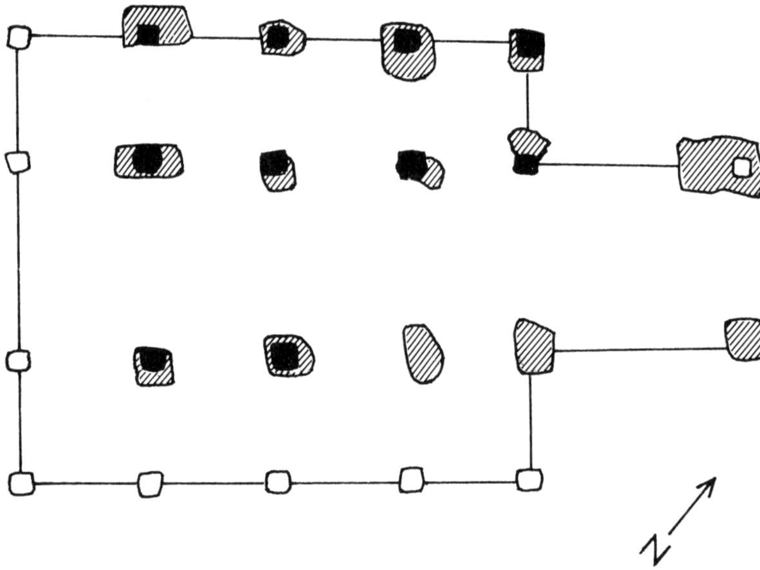

Fig. 7: Grundriß des dreischiffigen hölzernen Kirchenbaues von Pier bei Aachen aus dem 7. Jahrhundert. Länge des Kirchenschiffes 15 m.

Nur im alamannischen Gebiet finden sich bereits im 4. und 5. Jahrhundert größere geschlossene Ansiedlungen. Diese sind nicht nur durch ihren Umfang und ihre zuweilen erkennbare innere Struktur gekennzeichnet, sondern vor allem durch ihre befestigte Höhenlage. Es sind also geschützt liegende Plätze, wie sie für kriegerische Zeiten zu erwarten sind.

Eine dieser Höhensiedlungen, die bisher allerdings nicht sorgfältig hat untersucht werden können, liegt auf dem Glauberg in Oberhessen – vermutlich eine Art Fürstensitz. Hier konnten Spuren gewerblicher Tätigkeit gesichert werden, u. a. durch die Auffindung von Gußformen, die für die Herstellung kleiner Bronzeobjekte bestimmt waren. In ihrer engeren Umwelt sind sie als Zeugnisse ortsgebundener

Werkstätten zu verstehen, wie sie an zentralen Orten vorausgesetzt werden dürfen. Wahrscheinlich haben hier Handwerker in einem gewissen Abhängigkeitsverhältnis für einen Adeligen und dessen Gefolgschaft gearbeitet.

Wesentlich aufschlußreicher sind die Befunde auf dem Runden Berg bei Urach, Kr. Reutlingen. Diese befestigte alamannische Höhensiedlung wird zur Zeit noch untersucht, doch zeichnen sich schon jetzt folgende Beobachtungen ab: Fig. 8

Spätestens um 300 n. Chr. setzt hier die Besiedlung ein, die kontinuierlich bis in den Anfang des 6. Jahrhunderts fortwährt. Ihr Ende ist durch einen Zerstörungshorizont charakterisiert. Eine erneute Inbesitznahme erfolgt erst am Ende des 7. Jahrhunderts. In der Völ-

Fig. 8: Plan der alamannischen Höhensiedlung auf dem Runden Berg bei Urach. An der Befestigungslinie sind mehrere kleine Gebäude zum Teil in den anstehenden Fels eingetieft; auf der Kuppe Spuren von zwei großen Pfostenbauten.

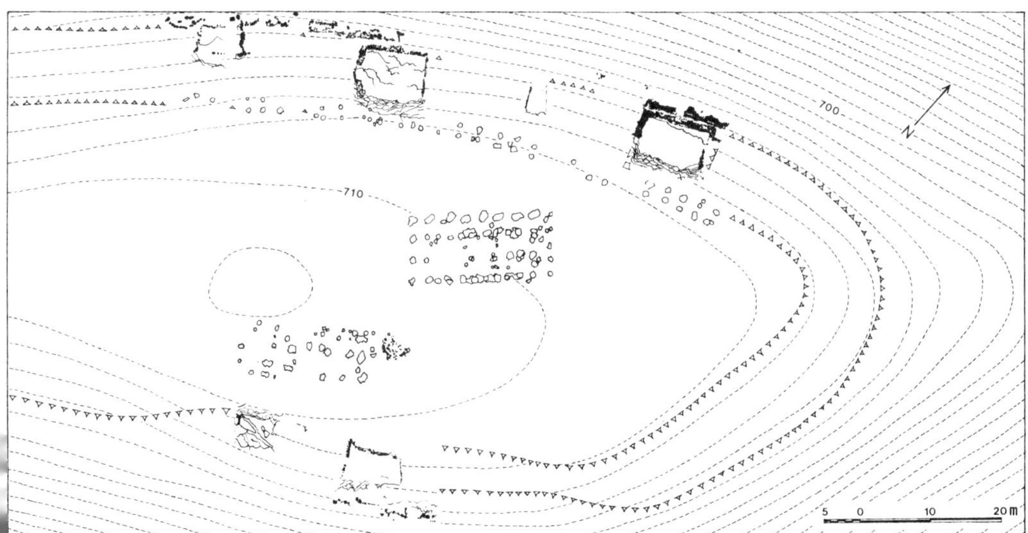

kerwanderungszeit ist hier nicht nur die etwa 130 × 40 m große Kuppe bewohnt worden, sondern auch der Südosthang wurde etagenartig genutzt. Bemerkenswert ist dabei, daß die Funde auf der Kuppe einen wertvolleren Eindruck machen als diejenigen von den Terrassen, so daß an eine Art Akropolis gedacht werden kann. Am Rand der Siedlungsfläche ziehen sich Reste verschiedener Befestigungsanlagen entlang.

Hinter dem Wall konnten die Spuren mehrerer Bauten freigelegt werden. Sie waren teils 8–9 m lang und 5–6 m breit, teils nur etwa 5 m lang und 4 m breit. Die untere Partie ist jeweils in den anstehenden Fels eingearbeitet und mit einem Trockenmauerwerk fundiert worden. An den inneren Wänden eines Raumes wurden die Standspuren von 9 Pfosten sowie die verbrannten Überbleibsel darauf ruhender Querbalken festgestellt; sie lassen darauf schließen, daß zumindest dieser Bau ein oberes Geschoß gehabt haben wird. Auf der Kuppe hat ein etwa 20 m langer und 9 m breiter Pfostenbau gestanden, zu dem ein danebenliegendes, in den gewachsenen Fels eingetieftes Grubenhaus gehört hat. Auch der Rest einer Apsis von 3,5 m Breite und 2,5 m Tiefe konnte hier beobachtet werden, die von einem kleineren Kirchen- oder Kapellenbau zeugt; allerdings hat dessen Zeitstellung noch nicht genau bestimmt werden können.

Besonders wichtig sind jedoch für den Runden Berg bei Urach die Funde, die eine ausgedehnte wirtschaftliche Tätigkeit an diesem Ort während der Völkerwanderungszeit dokumentieren: hier ist Eisen verarbeitet und vielleicht sogar gewonnen worden. Bronze- und Silbergießer waren hier ebenso wirksam wie Goldschmiede, und auch

Fig. 9: Plan der bäuerlichen Siedlung von Vallhagar auf Gotland mit Hausfundamenten und Einhegungen aus Lesesteinwällen.

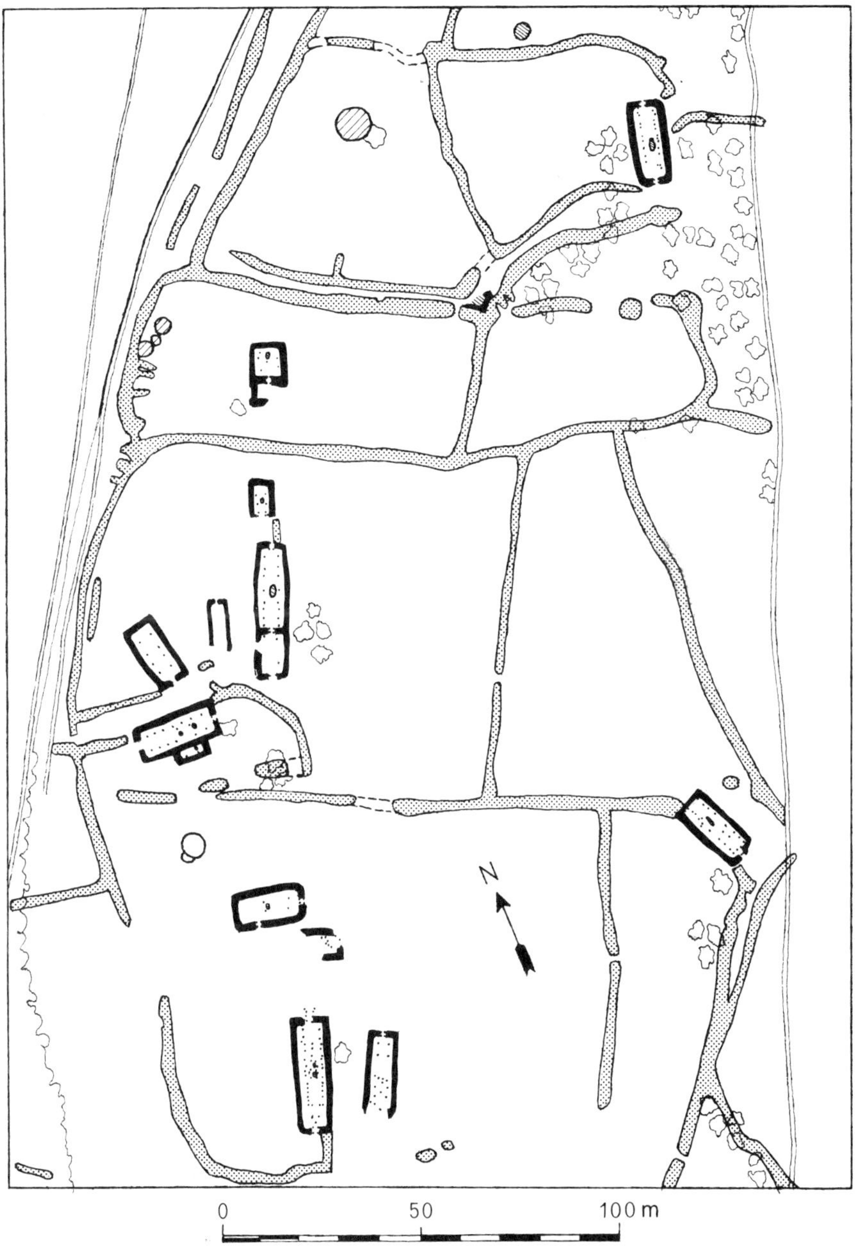

N
0
50
100 m

Geweih- und Knochenschnitzer sowie Weber waren an diesem Platz tätig. Anhaltspunkte liegen auch vor für eventuelle Glas-, Gagat- und Edelsteinverarbeitung. Die konzentrierte Existenz solcher spezialisierter Handwerksbetriebe deutet auf einen Produktionsumfang hin, der über den Bedarf am Ort selbst hinausging. Trifft diese Überlegung zu, so sind hier auch Kaufleute vorauszusetzen; der Fund eines byzantinischen Gewichts deutet darauf hin.

Im Gegensatz zu dieser vielfältig strukturierten alamannischen Siedlung stehen einige geradezu einseitig ausgerichtete Anlagen in Schweden: die bäuerlich geprägte Ansiedlung von Vallhagar auf Gotland, die Burg von Ismantorp auf Öland und die »Industriesiedlung« von Helgö im südlichen Mittelschweden.

Fig. 9 Vallhagar ist ein kleines völkerwanderungszeitliches Dorf aus fünf bis sechs Gehöften, das sich über ein Areal von etwa 500 × 200 m erstreckt. Jeder Hof bestand aus einem großen hallenartigen Gebäude, das als Wohnhaus diente, sowie aus einigen kleineren Bauten, die als Scheunen, Lagerhäuser und Viehställe genutzt worden sind; hinzu kommen Brunnen, von denen wahrscheinlich jeweils einer zu einem Hof gehört hat. Die Häuser von Vallhagar gehören zu einem Typ, der auf Gotland mit ungefähr 900 Exemplaren vertreten ist. Die verbliebenen Fundamente dieser Häuser sind bereits an der Erdoberfläche
Fig. 10 sichtbar, da sie aus meterbreiten starken Steinpackungen mit Erdschüttung bestehen. In Vallhagar schwankt die Länge der Gebäude zwischen 10 und 30 m, die Breite zwischen 9 und 10 m. Alle besaßen im Innern zwei Reihen von Pfosten mit Unterlegsteinen zum Tragen des Daches. Der Herd findet sich stets in der Mitte, der Eingang meist an einer Giebelseite. Die Wände bestanden nicht wie die Fundamente aus Stein, sondern entweder aus starken Sodenpackungen oder aber das Dach lag direkt auf der äußeren Steinkante auf. Die Dächer werden mit Ried gedeckt gewesen sein. Ihrer unterschiedlichen Funktion entsprechend, waren die Gebäude größer oder kleiner, stabiler oder leichter errichtet. Nur bei zwei Wohngebäuden

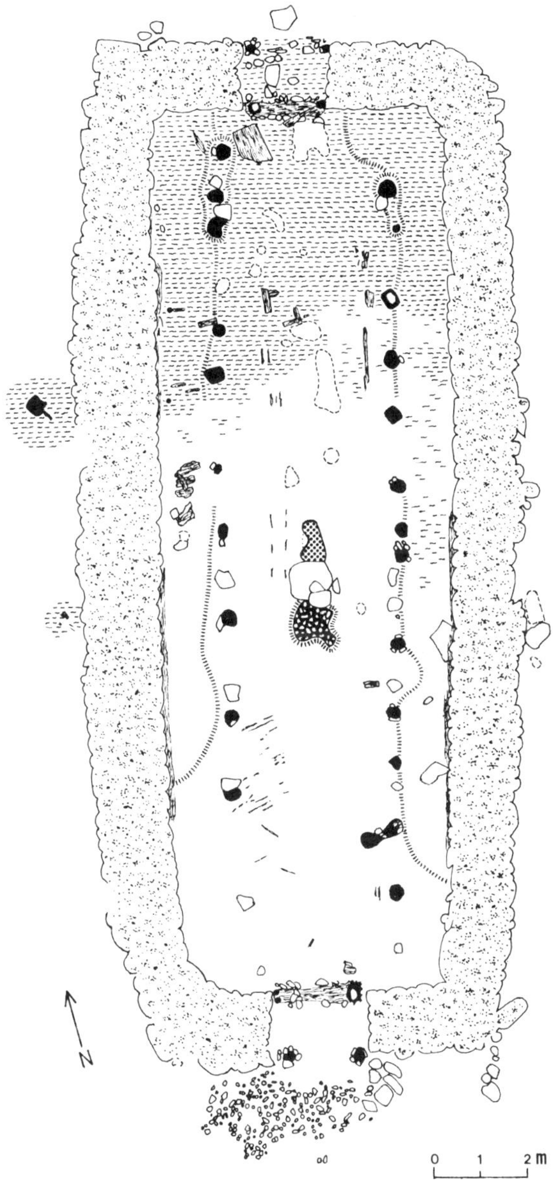

Fig. 10: Grundriß eines Wohnhauses von Vallhagar auf Gotland mit breitem steinernem Fundament, je einem Eingang an den Schmalseiten, einer zentralen Herdstelle und den Spuren von zwei inneren Reihen dachtragender Pfosten.

konnte eine Unterteilung für einen eventuell unter demselben Dach befindlichen Stallteil beobachtet werden.
An der inneren Längsseite eines Hauses fand sich ein zusammengestürzter Backofen, der aus lehmverstrichenen Kalksteinblöcken gebaut war. Direkt daneben lag eine Anzahl gut bearbeiteter kreisrunder Sandsteinscheiben von 15 bis 30 cm Durchmesser, die vermutlich zum Brotbacken benutzt worden sind.
Unmittelbar zu den Gehöften von Vallhagar gehören unterschiedlich große Flächen, die von Lesesteinwällen umfaßt sind. Mehrfach schließen diese Wälle auch die Häuser selbst mit ein. Die in ihrem Verlauf sehr unregelmäßig wirkenden Einhegungen mögen mehreren Zwecken gedient haben. Sie werden Hofflächen, Sammlungsplätze für das Vieh oder auch Äcker abgegrenzt haben. Durch die Steinwälle konnte auch das weidende Vieh auf Abstand vom Hof gehalten, und durch die eingehegten Wege konnten die Tiere zum Melkplatz geführt werden.
Wie sehr viele andere Siedlungsplätze auf den schwedischen Ostseeinseln ist auch Vallhagar an der Wende vom 5. zum 6. Jahrhundert – wahrscheinlich durch einen Angriff von außen – zerstört worden. Von dem gewaltsamen Ende zeugen Brandspuren in den Häusern, eine Speerspitze und einige eiserne Pfeilspitzen am Eingang eines Hauses sowie das Skelett einer in einem Gebäude verbrannten Person.
Wie ältere Funde am Platz und die unsystematische Anlage der Höfe zeigen, ist Vallhagar nicht geplant und kurzfristig erbaut, sondern allmählich gewachsen. Es war eine rein bäuerliche Ansiedlung, die wegen ihrer Größe als Dorf bezeichnet werden darf.
Im Gegensatz zu diesem friedlich betonten Bauerndorf und vergleichbaren Einzelgehöften bis nach Norwegen hinüber, stehen gleichzeitige Burgen auf der Insel Öland, von denen vor allem Ismantorp und Eketorp ein besonderes Interesse verdienen.
Fig. 11 Die annähernd kreisrunde Burg von Ismantorp hat einen Durchmes-

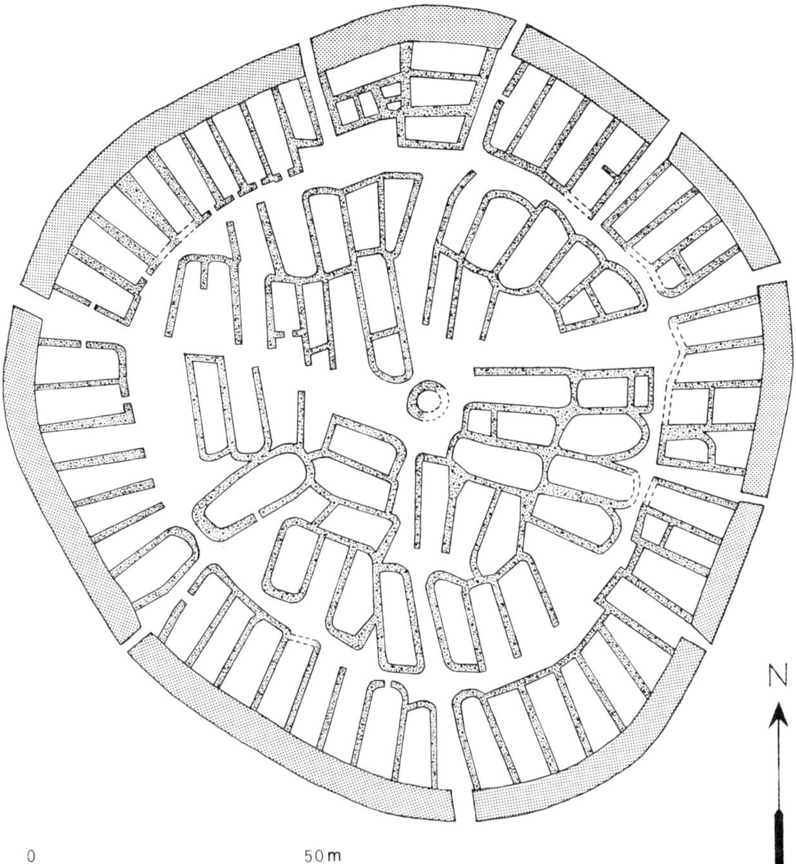

Fig. 11: Plan der Burg Ismantorp auf Öland mit neun Toren, einer primären, regelmäßigen Radialbebauung an der Innenseite der Burgmauer und einer sekundären, unregelmäßigen Bebauung der Innenfläche.

ser von 124–127 m. Die gut 6 m breite Mauer steht noch heute in einer Höhe von 2,5 m. Sie ist zweischalig mit unregelmäßigem Füllmaterial gebaut. Neun Tore führen in das Burginnere – eine Anzahl, die

fortifikatorisch bisher keine Erklärung gefunden hat. In radialer Anordnung lehnen sich an die innere Burgmauer im Reihenhausprinzip 12–14 m lange und 4–6 m breite Wohngebäude an. Die mittlere Burgfläche wird anfangs frei geblieben und erst später unregelmäßig bebaut worden sein. Ausgrabungen haben in dieser eigentümlichen Anlage keinerlei datierende Funde geliefert. Sie muß bei ihrer Aufgabe ausgeräumt worden sein. Vermutlich wurde sie ebenso planmäßig verlassen wie sie auf einmal systematisch angelegt worden ist.
Erst die in jüngster Zeit erfolgte Untersuchung der im Aufbau vergleichbaren Anlage von Eketorp hat nähere Aufschlüsse über diesen eigentümlichen Befestigungstyp geliefert. Diese Burg hat zwar nur einen Durchmesser von 80 m, doch konnte hier an Hand der Schuttmassen die ursprüngliche Höhe der Ringmauer auf 5–6 m berechnet werden. Nur zwei Tore bildeten hier die Zugänge. An der Mauer entlang standen 11,5 m lange und 4–5 m breite Häuser, deren Dächer von jeweils zwei Pfostenreihen getragen wurden. Die Häuser waren in je zwei Räume unterteilt. Auch hier ist später der Innenraum der Burg bebaut worden. Diese nachträglichen Gebäude sind zum Teil als Stallungen mit Mittelgang und Viehboxen ausgestattet und zeugen somit entweder von einer gewandelten Wirtschaftsform der Bewohner oder vom späteren Zuzug einer bäuerlichen Bevölkerungsgruppe.
Da die Burg von Eketorp den Funden nach zeitlich an die vielen wüst gewordenen Einzelgehöfte der Insel anschließt, liegt es nahe, eine Kontinuität der Bevölkerung mit veränderter Siedlungsform anzunehmen. Die Unruhezeit wird zur Auflassung der offenen Ansiedlungen und zur Errichtung einer Art stark befestigter Wehrdörfer geführt haben. Zugleich wird damit ein soziologischer Wandel der Inselbewohner einhergegangen sein, denn Burgen wie Ismantorp und Eketorp lassen eine straffe Planung erkennen, die eigentlich nur von jeweils einer einzigen Persönlichkeit in die Tat umgesetzt worden sein kann.

Sowohl Vallhagar als auch die öländischen Burgen sind Wohnplätze einer einheimischen Bevölkerung, die keine nennenswerten Verbindungen zu außernordischen Gebieten gehabt hat. Anders verhält sich das dagegen mit der völkerwanderungszeitlichen Siedlung von Helgö.

Helgö (»heilige Insel«), eine frühere Insel und heutige Halbinsel, liegt etwa 30 km westlich von Stockholm im Mälarsee. Diese zentrale Lage in einem wichtigen Wasserwegkreuz bot eine strategisch günstige Position, von der aus die bedeutendsten Einfahrten zum Mälarsee überwacht werden konnten. Auf der 4,5 km langen und 1,5 km breiten Insel befindet sich im Ostteil ein 600 × 300 m großer Sied- Fig. 12

Fig. 12: Plan der etwa 300 × 600 m großen »Industriesiedlung« von Helgö im Mälarsee. Rechtecke und Quadrate = Häusergruppen, Ovale = Gräberfelder, offene Bögen = Wälle und Terrassen.

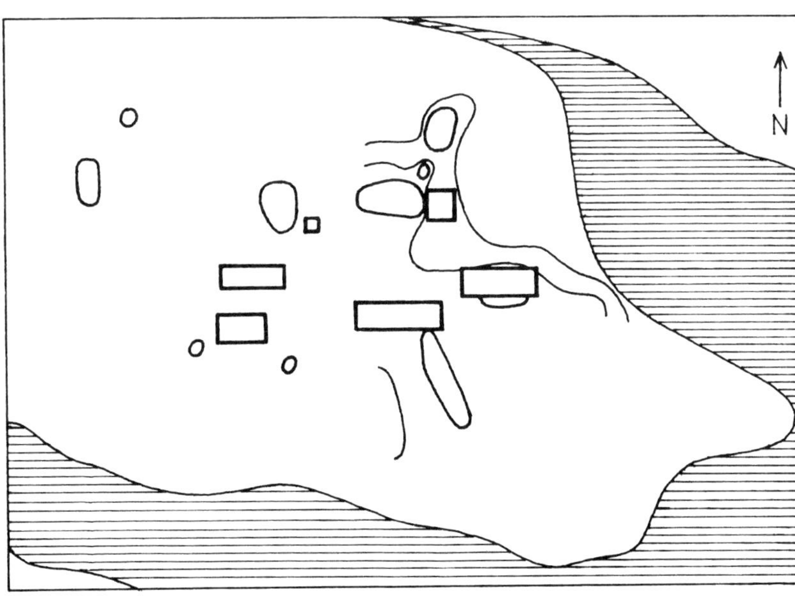

lungsbereich, dessen früheste Zeugnisse der römischen Kaiserzeit angehören; die jüngsten sind dagegen erst der Wikingerzeit zuzuweisen. Seine größte Bedeutung erlangte der Ort im 5. und 6. Jahrhundert.

Die in drei Gruppen beisammenliegenden Häuser von Helgö standen auf künstlichen Terrassen. Bereits das Fehlen von Stallungen beleuchtet die Sonderstellung des Platzes. Die Bewohner scheinen keine Viehzucht für den eigenen Lebensunterhalt betrieben zu haben; mehrere kleine Backstuben sind allerdings belegt. Um so bemerkenswerter sind die Beobachtungen, die in der östlichen Häusergruppe gemacht werden konnten. Dieser Teil der Siedlung ist sehr stark von Werkstatthinterlassenschaften geprägt. Es sind Herdstellen, Schmelzgruben, Werkzeuge, Gußtiegel, Bronze- und Eisenbar-
Fig. 30 ren, Halbfabrikate sowie mehr als 10 000 Fragmente von tönernen Gußformen gefunden worden. Die Gußformen dienten in erster Linie zur Herstellung von Schmuck, der den entsprechenden Funden nach vornehmlich nach Mittel- und Nordschweden sowie nach Finnland verhandelt wurde. Dort muß er gegen Waren eingetauscht worden sein, die in anderen Gebieten gefragt waren und abgesetzt wurden, um erstrebte Luxusgüter zu erhalten. Dazu zählen sicher die mehr als 60 fränkischen Glasgefäße, die bisher in Helgö gefunden wurden.

Trotz seiner offensichtlich vielseitigen Bedeutung war Helgö keine Großsiedlung. Diese kleine Ansammlung von Werkstätten und Wohngebäuden lag an der Peripherie der damals bekannten Welt. Die Einwohnerschaft hatte sich von der üblichen Nahrungsbeschaffung frei gemacht. Sie hatte ein spezialisiertes Handwerkszentrum aufgebaut und betrieb sowohl gezielten Nah- als auch Fernhandel. Die Ausgrabungen in Helgö bieten damit einen einzigartigen Befund im Europa des 5. und 6. Jahrhunderts. Sie beleuchten gemeinsam mit den Untersuchungen der Höhensiedlung vom Runden Berg bei Urach, des bäuerlichen großen Dorfes von Vallhagar und der öländi-

schen Burgen die Vielfalt der Möglichkeiten, die zur Entstehung der sehr unterschiedlich strukturierten völkerwanderungszeitlichen Siedlungen geführt haben.
Trotz dieser an einzelnen Beispielen erkennbaren Differenzierung der Siedlungsformen, die darüber hinaus fast ausschließlich in Nordeuropa sichtbar wird, hat die wohl übliche Siedlung dieser Zeit zumindest auf dem Kontinent aus einem einzigen oder nur wenigen Gehöften bestanden, deren Träger in erster Linie Ackerbau und Viehzucht betrieben.
Das wird sehr deutlich an der geradezu geschrumpften völkerwanderungszeitlichen Phase der an der Nordseeküste in der Nähe von Bremerhaven gelegenen Wurtensiedlung Feddersen Wierde, die nur einen Abglanz des voraufgehenden blühenden kaiserzeitlichen, großen und wirtschaftlich starken Bauerndorfes an diesem Platz darstellt. Ein verhältnismäßig großes Einzelgehöft wurde bei Ål in Westjütland freigelegt. Es bestand aus zwei im rechten Winkel zueinander angelegten Gebäuden. Das kleinere – wohl ein Wirtschaftsbau – war 8 m lang und 4 m breit. Das größere Haus hatte mit 38 m Länge und 5 m Breite geradezu gewaltige Ausmaße. Es war in drei Räume unterteilt, von denen einer mit einer von Eichenbohlen eingefaßten Feuerstelle aus Lehm als Wohnraum ausgestattet war, während ein anderer als Stall gedient hat. Wie die meisten Häuser der Völkerwanderungszeit hatten auch diese einen rechteckigen Grundriß. Erstmals treten nun aber in dieser Periode, wie es ebenfalls ein Befund aus Dänemark zeigt, Bauten mit stark geschwungenen Längsseiten auf, die dadurch einen schiffsförmig gestalteten Grundriß aufweisen: das Haus von Traelborg ist knapp 8 m lang und in der Mitte 4 m weit. Fig. 13
Auch hier befand sich eine von starken Bohlen eingefaßte Feuerstelle. Das Dach wurde von vier Pfosten getragen. Die Wände bestanden aus doppelten Pfostenreihen, deren Zwischenräume durch verputztes Flechtwerk verschlossen waren. Ein Eingang mit schwerer Holzschwelle führte auf jeder Längsseite in das einräumige Hausinnere.

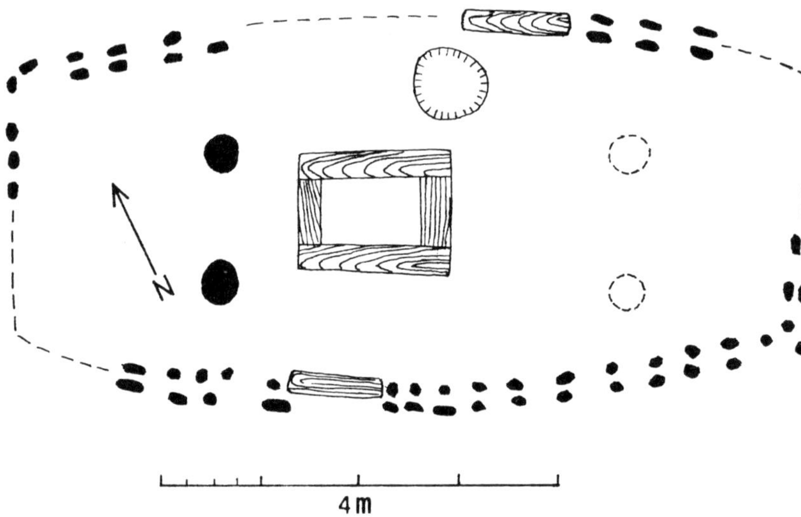

Fig. 13: Quer aufgeschlossenes Haus von Traelborg in Dänemark mit schiffsförmig geschwungenen Längswänden, großer Herdstelle und Spuren von vier mächtigen, dachtragenden Pfosten.

Im strengen Gegensatz zu solchen Gebäuden und Siedlungen mögen fürstliche Hofhaltungen gestanden haben, die den Grabfunden nach vorauszusetzen sind, bisher aber an keiner Stelle archäologisch haben nachgewiesen werden können. In Köln könnte sich unter günstigen Bodenaufschlüssen einmal ein solches fürstliches Zentrum zu erkennen geben, denn für diese Stadt sind in fränkischer Zeit sowohl ein Königssitz als auch ein Bischofssitz überliefert. In den bisher erschlossenen Teilen innerhalb der römischen Stadtmauer haben sie jedoch keine Spuren hinterlassen – es sei denn durch die in dieser Hinsicht wenig aussagefähigen fürstlich anmutenden Gräber unter dem Kölner Dom.

ARBEIT UND LEBEN

Die Grundlagen des völkerwanderungszeitlichen Lebens sind nicht in allen Gebieten gleich gewesen. Schwergewichte von Ackerbau und Viehzucht waren regional unterschiedlich verteilt. Das wird nicht nur von den natürlich gegebenen Bedingungen, also etwa von der besonderen Eignung des jeweiligen Bodens für die eine oder andere Wirtschaftsform abhängig gewesen sein, sondern auch von ganz anderen Faktoren. Die unstete Lebensführung wird oft die Bevorzugung der Viehzucht zur Folge gehabt haben, da das Vieh mitgeführt werden konnte. Wurden germanische Gruppen dagegen in einem Bereich ansässig, der schon für den Anbau von Kulturpflanzen erschlossen war, wie das z. B. für Gallien zutrifft, so ist damit auch eher die Übernahme und Fortführung dieser landwirtschaftlichen Betriebsform verbunden gewesen. Doch selbst für Landstriche, die bereits von den Römern ackerbaulich kultiviert waren, war das nicht immer der Fall. Das zeigen nicht nur die vielen seit dem Eindringen der Germanen aufgelassenen Gutshöfe im ehemals provinzialrömischen Gebiet. Aus der zeitgenössischen schriftlichen Überlieferung geht zudem hervor, daß die Germanen sich das Waffenhandwerk vorbehielten, der einheimischen Bevölkerung aber die Zivilverwaltung und das Wirtschaftsleben beließen. Das gilt ebenso für die Ostgoten in Italien wie für die Franken in Gallien und die Wandalen in Nordafrika. Die Verhältnisse während der Wanderungen und anschließend in den eroberten oder zugewiesenen Siedlungsgebieten können jedoch keineswegs verallgemeinert werden. Im Gegenteil – sie sind durch Ausnahmesituationen entstanden. Weit zutreffender werden die Beobachtungen zur Landwirtschaft sein, die in mittel- und nordeuropäischen Siedlungen gemacht werden konnten. Generell gilt hier, daß die Jagd keine nennenswerte Rolle für die Ernährung gespielt hat.

Auch der Fischfang war nur von untergeordneter Bedeutung, sogar für Ansiedlungen, die unmittelbar an der Küste lagen. Schließlich ist auch das Sammeln wilder Früchte wohl nur zur Abrundung des Speisezettels erfolgt und nicht aus zwingender Notwendigkeit.

Während der römischen Kaiserzeit bestanden an der deutschen und der niederländischen Nordseeküste zahlreiche künstlich aufgeschüttete Wohnhügel, die sogenannten Wurten. Ihre Bewohner betrieben eine ausgedehnte Landwirtschaft mit Ackerbau und Viehzucht. Vornehmlich wurden Rinder und Schafe gehalten, und zwar in einem Umfang, der einigen Wohlstand erkennen läßt. Im 4. und 5. Jahrhundert wurden die umliegenden Marschenflächen jedoch durch häufige Überflutungen heimgesucht, die zu einem Anstieg der Salzwiesenflora führten und den Ackerbau verhinderten. Die zwangsläufige Folge war eine Verarmung der Bevölkerung. Nur wenige dreischiffige Hallenhäuser mit Stallteil sowie Getreidespeicher zeugen noch von dem mühsamen Versuch, in diesem unwirtlichen Landstrich bäuerliche Betriebe aufrechtzuerhalten.

Konstant blieben dagegen die wirtschaftlichen Verhältnisse in dem von solchen Schwierigkeiten nicht bedrohten Norden. Hier scheinen Umfang und Struktur der kaiserzeitlichen Landwirtschaftsform weitgehend beibehalten worden zu sein. Der Mangel an ausgegrabenen Siedlungen läßt allerdings auch für Skandinavien keine allgemeingültigen Erkenntnisse zu. Erkennbar ist jedoch, daß die Gerste noch immer das wichtigste Getreide darstellte. Belegt sind darüber hinaus auch Weizen und Roggen. Für die Ernte sind ziemlich lange, gerade
Fig. 9 eiserne Sicheln benutzt worden, wie sie mehrfach in Vallhagar angetroffen wurden.

Erstaunlicherweise sind im Gegensatz zu den voraufgehenden Jahrhunderten keine großen Ackerflursysteme aus der Völkerwanderungszeit bewahrt. Vielleicht ist das darauf zurückzuführen, daß die Äcker nicht kontinuierlich über lange Zeit hin genutzt wurden und daher keine auf Dauer bleibenden Spuren hinterlassen haben. Nur

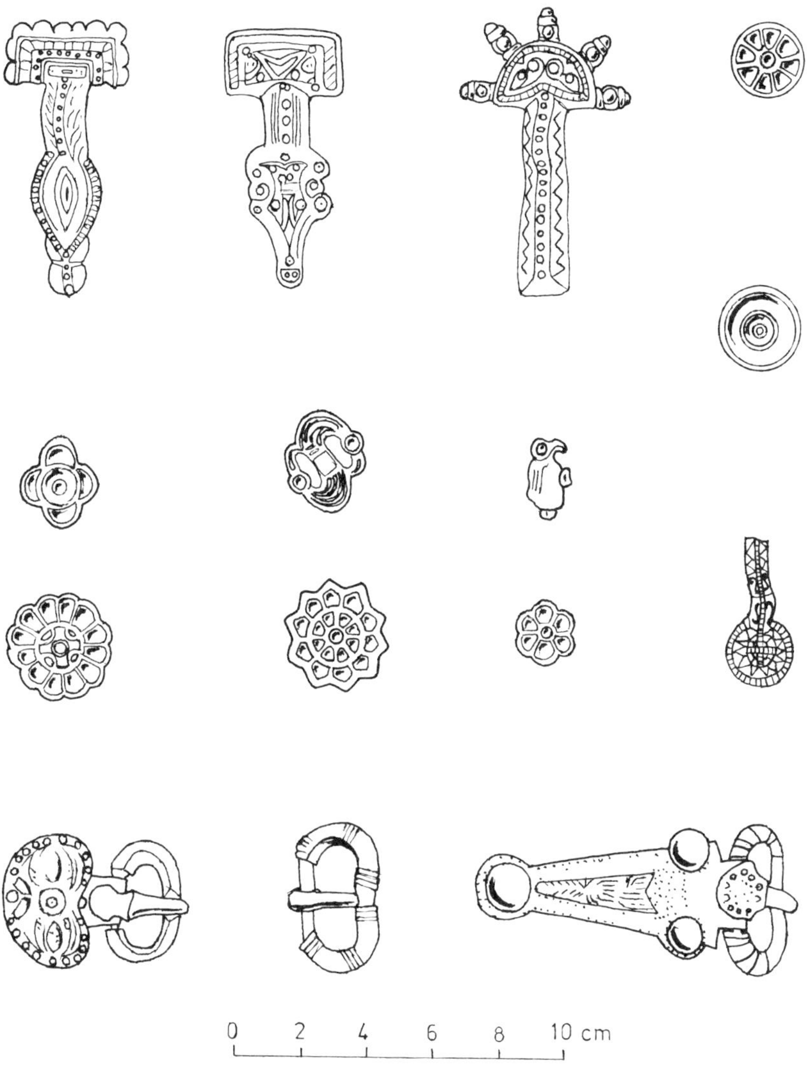

Fig. 14: Völkerwanderungszeitlicher Schmuck. Typische Formen von Anhängern, Scheibenfibeln, Bügelfibeln und Schnallen aus dem fränkisch besiedelten Trierer Land.

aus den steinigen Gebieten von Öland, Gotland und dem südlichen Norwegen sind Steinwallsysteme in unmittelbarer Anlehnung an Gehöfte bekannt. Diese sind zum Teil als Einhegungen von kleinen Äckern zu deuten, durch die schmale Viehtriften zu dem außerhalb liegenden Weideland führten. Lesesteinhaufen innerhalb der eingefaßten Flächen zeugen wohl davon, daß der Boden hier möglichst von störenden Steinen befreit wurde, um ihn besser unter den Pflug nehmen zu können.

Der Fleischbedarf wurde überwiegend durch die Haustierzucht gedeckt. Die Jagd spielte dagegen nur eine sehr untergeordnete Rolle. Sie ist wahrscheinlich lediglich in Form des Waidwerkes betrieben worden. In Eketorp überwiegen unter den Haustierknochen diejenigen vom Rind. Es folgen Schaf bzw. Ziege, Schwein, Pferd, Hund und Katze. In Vallhagar dominieren dagegen die Knochen vom Schaf, das ja sehr genügsam ist und sowohl Wolle als auch Fleisch lieferte. Aber auch dort waren Rind, Pferd, Schwein sowie Hund und Katze vertreten. Hinzu kommt in Vallhagar das Haushuhn. Die Pferdeknochen

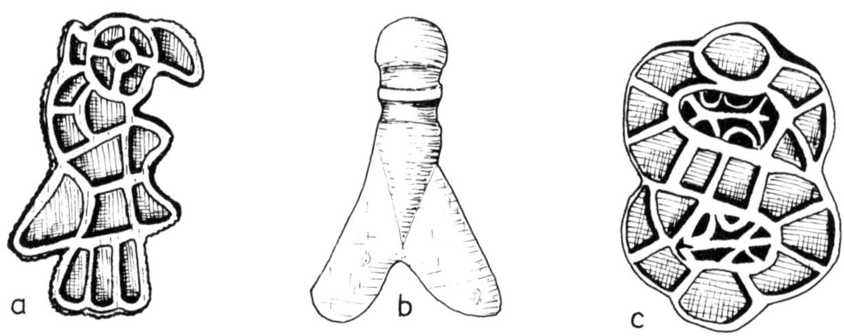

Fig. 15: Tiergestaltige Fibeln in natürlicher Größe:
a. Vogelfibel
b. Zikadenfibel
c. S-förmige Fibel mit zwei Vogelköpfen

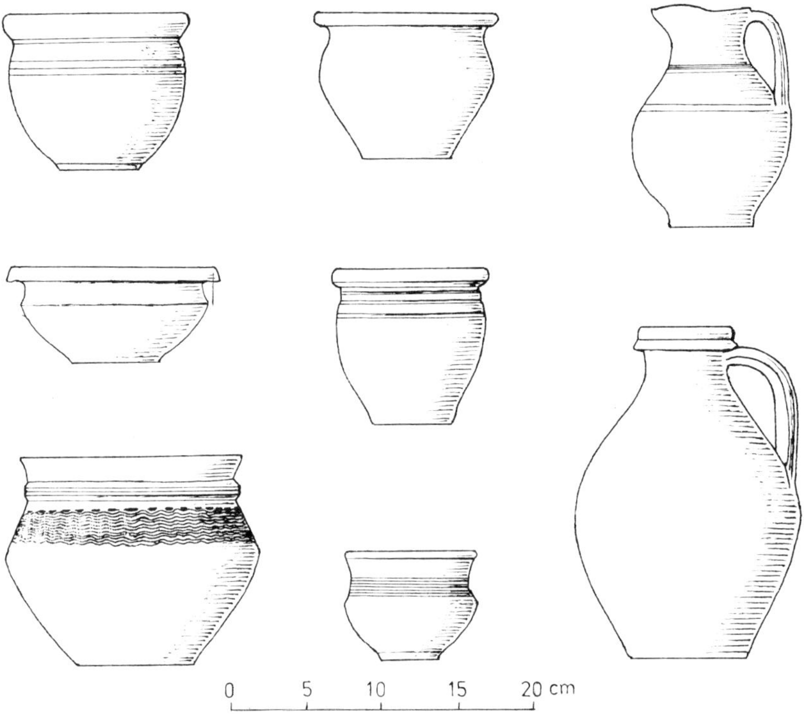

Fig. 16: Typische Drehscheibenkeramik (oben) und Glasgefäße (unten) der Völkerwanderungszeit aus dem fränkisch besiedelten Trierer Land.

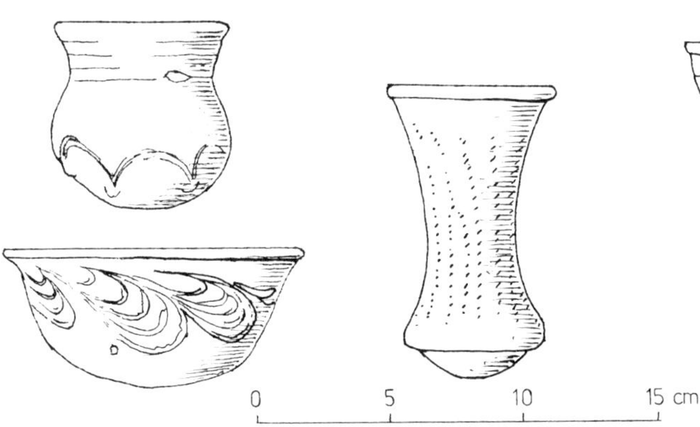

auf Gotland gehören zu einer kleinen ponyartigen Rasse. Weiterhin ist in beiden Siedlungen der Seehundfang belegt.
Sowohl auf den Wurten an der Nordseeküste als auch in den skandinavischen Siedlungen bezeugen die großen Stallgebäude, daß das Vieh zumindest im Winter aufgestallt gewesen ist.
Ähnlich wie sie an diesen Befunden faßbar ist, wird die Nahrungsgewinnung wohl überall in der völkerwanderungszeitlichen Welt außerhalb des Römischen Reiches betrieben worden sein.
In Siedlungen sind in der Regel nur Objekte zu finden, die entweder bei einer Katastrophe zerstört wurden oder aber bei einem friedlichen Verlassen von den abziehenden Bewohnern als unbrauchbar oder wertlos zurückgelassen wurden. Es sind also nur Fragmente, die keine weitreichenden Aufschlüsse über Kleidung, Schmuck und alltäglich benutztes Gerät zulassen. Um so ergiebiger sind aber die Grabfunde, vor allem aus dem kontinentalgermanischen Gebiet, da die Toten oft in voller Tracht und Ausrüstung mit vielfältigen Beigaben bestattet wurden.
Das Aussehen der Franken beschreibt im 5. Jahrhundert Sidonius Apollinaris. Danach hing ihnen das blonde Haar tief in die Stirn, während der glänzende Nacken frei blieb und das Gesicht rasiert war; die schlanken Krieger trugen eng anliegende Kleidungsstücke und darüber um die Hüften ein Wehrgehänge. Die allgemeine Haartracht, besonders aber die der Könige, wird bei Agathias im 6. Jahrhundert geschildert: »Ihr Haar wird niemals geschnitten und von dem Knabenalter an gepflegt, daß es an der Stirn gescheitelt schön über die Schultern herabfällt; nicht nach avarischem Brauch wüst und verworren oder nachlässig in einen Knoten geschürzt, wird es mit verschiedenen Salben rein gehalten und mit dem Kamme geordnet. Es ist dieses der Schmuck und die Auszeichnung des königlichen Geschlechtes, während das übrige Volk das Haar rund abzuschneiden pflegt und niemand sonst gestattet ist, dasselbe herabhängend zu tragen.«
Textilien haben sich in den Gräbern nicht gehalten. Dagegen ist aber

Fig. 17: Gläserne fränkische Rüsselbecher aus dem Rheinland. 6./7. Jahrhundert.

der Trachtenschmuck oft gut belegt. Vornehmlich zur Frauentracht hat demnach ein vielfältiger und bunter Schmuck gehört. Allerdings ist der Besitz von einem gewissen Wohlstand abhängig, denn das Fehlen von Beigaben in zahlreichen Gräbern deutet wohl auf die Armut der dort Bestatteten hin.

Fig. 14 Fibeln, d. h. Broschen, die zugleich eine Verschlußfunktion an der Kleidung hatten, waren der wichtigste Schmuck. Nach dem 5. Jahrhundert treten sie nur noch in Frauengräbern auf. Am häufigsten be-
ABB. 25 gegnen die Bügelfibeln, die paarweise vorn an den Schultern getragen wurden. Der Steg zwischen der breiten Kopfplatte und dem Fuß ist stark gewölbt, damit dort geraffter Stoff Platz finden konnte. Die beiden flächigen Enden sind die eigentlichen Ornamentträger. Seit dem 5. Jahrhundert wird dieser Fibelbestand bereichert durch mehr oder
ABB. 24 weniger runde Scheibenfibeln sowie durch ebenfalls paarweise getra-
Fig. 15, ABB. 6 gene tierförmige Exemplare – meist in Form von Raubvögeln. Edel-
ABB. 17, 19 steine, Halbedelsteine und andere Einlagematerialien geben ihnen ein farbenprächtiges Aussehen.

Ergänzt wurde der Schmuck durch bis zu 20 cm lange Nadeln, die zum Haarputz gehört haben und oft mit prunkvollen Köpfen ausgestattet sind, sowie durch einzeln oder in langen Ketten getragene
ABB. 7 bunte Perlen, kleine Anhänger und durch verschiedene Ringe. Halsringe waren offensichtlich weniger beliebt, während Armringe und vor allem Fingerringe – reine Schmuckringe, aber auch Siegelringe – als Entlehnung aus dem provinzialrömischen Gebiet häufiger vorkommen.

Abb. 9: Griffpartie eines zweischneidigen Prunkschwertes des 6. Jahrhunderts aus Snartemo, Norwegen.

Abb. 10: Goldenes sogenanntes Mundblech (oberer Schwertscheidenabschluß) mit Filigranverzierung im Tierstil I von Hou, Langeland, Dänemark. Länge 5,9 cm.

9

10

12

Zum Schmuck im weitesten Sinne dürfen wohl auch die metallenen Riemenbestandteile gezählt werden, d. h. Schnallen, Beschläge und Riemenenden. Diese waren nicht nur am Gürtel und am Wehrgehänge befestigt, sondern Schnallen beispielsweise finden sich auch als Schuhschließen. Meist sind die Stücke als zusammengehörige Garnituren mit einheitlicher Verzierung gefertigt. In extremen Fällen erreichen Schnallen mit den jeweiligen Beschlägen eine Gesamtlänge von über 40 cm. Das Prinzip der Schnalle mit Bügel und beweglichem Dorn haben die Germanen von den Römern übernommen; zuvor kannten sie nur Gürtelhaken und Ringnadeln. Als Grundmaterial wurden für ihre Herstellung Eisen und Bronze, seltener Silber und Gold und in wenigen Ausnahmefällen auch Bergkristall verwendet. Ihre reichhaltige Verzierung zeigt, daß sie nicht nur praktische Funktion hatten, sondern als Ornamentträger auch schmückend wirken sollten. Bei Gürteln mag der Zierat darüber hinaus noch durch eingezogene goldene Fäden ergänzt worden sein, wie sie Gregor von Tours im 6. Jahrhundert ausdrücklich erwähnt.

ABB. 35

Das alltägliche Leben kann schließlich noch durch die Gebrauchsgegenstände aus der nächsten Umwelt der Menschen beleuchtet werden.

In den Funden begegnen Gefäße für verschiedenste Verwendungszwecke aus Ton, Glas, Metall und Holz. Die metallenen Exemplare stellen meist Importgeschirr dar, das nur sehr selten auftritt. Am häufigsten ist Keramik in Form von Schüsseln, Schalen, Töpfen, Näpfen,

Fig. 16

Abb. 11: Sax mit Beschlägen der Scheide von Junkersdorf und Lanzenspitze mit unbekanntem Fundort im Römisch-Germanischen Museum in Köln.

Abb. 12: Silbernes Missorium des Kaisers Theodosius I. aus dem Jahre 388. Rechts und links je zwei germanische Leibwächter mit Lanzen, verzierten Ovalschilden, langer Haartracht sowie Halsringen mit Kapselverschluß. Durchmesser 74 cm.

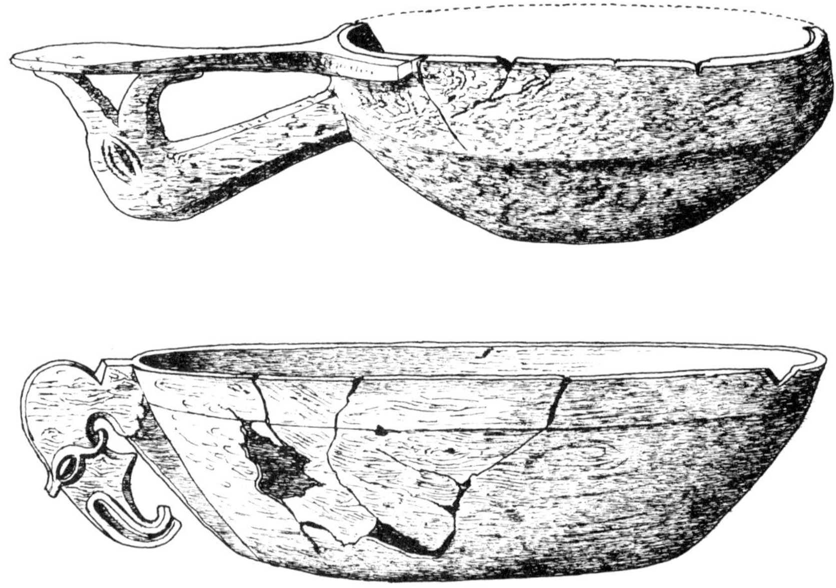

Fig. 18: Zwei Massivholzgefäße aus dem Opferfund von Vimose in Dänemark mit tierkopfförmigen Griffen. Gesamtweite einschl. Griff jeweils 26,5 cm.

Bechern, Krügen und Kannen. Diese Gefäße sind fast durchweg auf der schnell rotierenden Drehscheibe gestaltet und weisen daher sehr gleichmäßige äußere Umrisse auf. Nur in den Norden hatte die Drehscheibe zu dieser Zeit noch keinen Eingang gefunden.

Sehr begehrt waren offensichtlich gläserne Schalen, Flaschen und
Fig. 17 Trinkgefäße. Sie sind überwiegend in rheinischen Glasmanufakturen erzeugt, in denen die römische Tradition fortgeführt wurde. Als kostbare Luxuswaren fanden sie im Rahmen des Fernhandels eine weite Verbreitung, wie es die genannten Funde von Helgö in Schweden erweisen.

Fig. 18 Aus Holz sind Teller, Schalen, Feldflaschen, Becher und Eimer gearbeitet worden. Sowohl die Drechslerkunst mit Hilfe einer aufwendigen Drehbank als auch die Böttcherei, d. h. das Zusammenfügen von Behältnissen aus einzelnen Dauben, sind ausgeübt worden. Fig. 19 Die sorgfältig getroffene Auswahl der jeweils geeigneten Hölzer sowie die genaue und saubere Verarbeitung zeugen von einer langen

Fig. 19: Hölzerner Daubeneimer mit vergoldeten Bronzebeschlägen aus dem Knabengrab unter dem Kölner Dom. 1. Hälfte 6. Jahrhundert.

Tradition des einheimischen Holzhandwerks. Für die Drechslerarbeiten wurden Laubholzarten wie Ahorn, Esche, Erle, aber auch Buche und Birnbaum bevorzugt, für die Böttchererzeugnisse dagegen astfreies Nadelholz.

Aus Holz bestand schließlich noch das Mobiliar. Das Knabengrab des 6. Jahrhunderts unter dem Kölner Dom enthielt u. a. einen Stuhl und eine Liege mit fein gedrechselten Lehnen, beide aus einem Hartholz zusammengefügt. Auch die gedrechselten Kerzenleuchter aus Oberflacht in Württemberg mögen zum Mobiliar gezählt werden.

Allzu viele Aussagen über die häusliche Ausstattung sind nicht zu gewinnen. Aber schon die vorhandenen Befunde zeigen, daß sich das Alltagsinventar der Völkerwanderungszeit nicht sehr von demjenigen des hohen und späten Mittelalters unterschieden hat.

HANDEL UND HANDWERK

Nah- und Fernverbindungen des frühen Mittelalters waren nicht nur auf die durch Kriegszüge negativ gegebenen Kommunikationsmöglichkeiten beschränkt. Über größere Entfernungen wurden diese Verbindungen vor allem durch einen ausgedehnten Fernhandel aufrecht erhalten. In manchen Fällen ist er aus der zeitgenössischen schriftlichen Überlieferung zu entnehmen, in manchen Fällen werden die eigentlichen Handelswaren und damit der Umfang dieser Unternehmungen in den Bodenfunden faßbar.

Bereits in der römischen Kaiserzeit bestand ein reger Handelsverkehr zwischen Nord- und Südeuropa, der mit wertvollen römischen Importgütern einen intensiven Niederschlag erfahren hat. Am Beginn der Völkerwanderungszeit ist der Warenstrom unterbrochen worden. Der Hunneneinbruch und die dadurch ausgelösten ostwestlich gerichteten Bewegungen hatten diese Störung bewirkt. Erst im ausgehenden 5. und dann besonders im 6. Jahrhundert wird wieder ein weitreichender Handel greifbar, in dessen Gefolge nicht nur die verschiedensten Waren, sondern auch Sagenstoffe und Impulse im kunsthandwerklichen Bereich eine weite und schnelle Verbreitung fanden.

In den Schriftquellen wird über zahlreiche ostmediterrane Güter wie Papyrus, Gewürze, Wein und Öl berichtet, die über Marseille eingeführt wurden, doch wird für solche Waren wohl nur ein größerer Bedarf in dem noch stark romanisch geprägten Gallien bestanden haben. Sie sind archäologisch auch kaum nachweisbar, doch fanden sich immerhin in einem kleinen goldenen Behältnis auf dem Gräberfeld von Horburg im Elsaß Gewürznelken aus Asien. In der ehemaligen Germania libera sind Art und Umfang des Handels nur mit Hilfe der Bodenfunde zu erschließen, obgleich auch hier Waren vorauszusetzen sind, die sich wegen ihrer Vergänglichkeit nicht erhalten haben. Neben dem selbstverständlichen Sklavenhandel wird beispielsweise an einen solchen mit Fellen, Leder und dem lebensnotwendigen Salz zu denken sein. Auch kostbare Luxusgüter sind über weite Strecken hin vertrieben worden. Das wird am Beispiel der schon genannten zahlreichen fränkischen Gläser deutlich, die auf Helgö bei Stockholm geborgen wurden. Sie sind Zeugnisse eines gezielt durchgeführten Fernhandels. Trotz ihrer Zerbrechlichkeit wurde das Risiko eingegangen, sie über große Entfernungen zu verfrachten. Sonst wird bei vergleichbaren Objekten, wie etwa keramischen Erzeugnissen, auf Grund der Bruchgefährdung eher nur an einen Nahhandel gedacht werden dürfen.

Die Bewältigung des ausgedehnten Fernhandels stellte die Händler vor zwei besonders schwierige Aufgaben: zum einen mußte ein möglichst effektiver Transport gewährleistet sein, zum anderen galt es ein Austauschverfahren zu nutzen, das »international« anwendbar war.

Der Warentransport fand sowohl auf dem Wasser als auch auf dem Lande statt. Flüsse, Küsten und Ufer sind die natürlichen Verkehrswege in allen Zeiten gewesen. Am Wasser lagen die Siedlungen, und über das Wasser führten die einfachsten Wege dorthin. Entsprechend zeichnen sich auf Verbreitungskarten über bestimmte Handelswaren, wie etwa des importierten koptischen Bronzegeschirrs des 7. Jahrhunderts, immer wieder die großen Ströme als wichtigste Verkehrslinien ab. Vor allem die Küstenbewohner und die Bevölkerung Nordeuropas besaßen eine alte Schiffsbautradition, die auch den Bau seetüchtiger Boote seit der Bronzezeit erlaubte. Auf sie begleitende, erfahrene Bootsbauer aus diesem Gebiet haben vielleicht auch die Wandalen zurückgreifen können, als sie im Jahre 429 eine große Flotte benötigten, um von der Südspitze der Iberischen Halbinsel nach Nordafrika überzusetzen. Diese Schiffe müssen für den Transport von Pferden geeignet gewesen sein, da Geiserich mit berittenen Kriegern, seine plötzlichen Überfälle ausführte. Sinius Apollinaris schildert im 5. Jahrhundert die Sachsen als kühne Seefahrer, die sich auf die offene See hinauswagten und fremde Küsten plündernd heimsuchten.

Aus der Zeit um 400 n. Chr. stammt das bekannte Nydamschiff, das Fig. 20
in einem Moor im südlichen Jütland ausgegraben wurde. Dieses Fahrzeug war Bestandteil eines großen Opferfundes, der sich vornehmlich aus Waffen zusammensetzte. Drei Boote waren hier ursprünglich deponiert worden, doch konnten die beiden kleineren, aus Kiefernholz gebauten nicht konserviert werden, so daß heute über deren Größe und Aussehen keine Aussagen mehr möglich sind.

Das große Nydamschiff ist etwa 23 m lang und hat mittschiffs eine Breite von 3,25 m. Bug und Heck zeigen die gleiche, weit vorragende schlanke Form, beide Steven sind an der Bodenplanke angedübelt, die etwas stärker als die übrigen ist. Die breiten Planken der Bord-

Fig. 20: Großes, nur zum Rudern eingerichtetes Eichenboot aus dem Moorfund von Nydam in Dänemark. Das in Klinkerbauweise gefertigte Boot hat eine Gesamtlänge von mehr als 23 m und eine Mittschiffsbreite von 3,25 m.

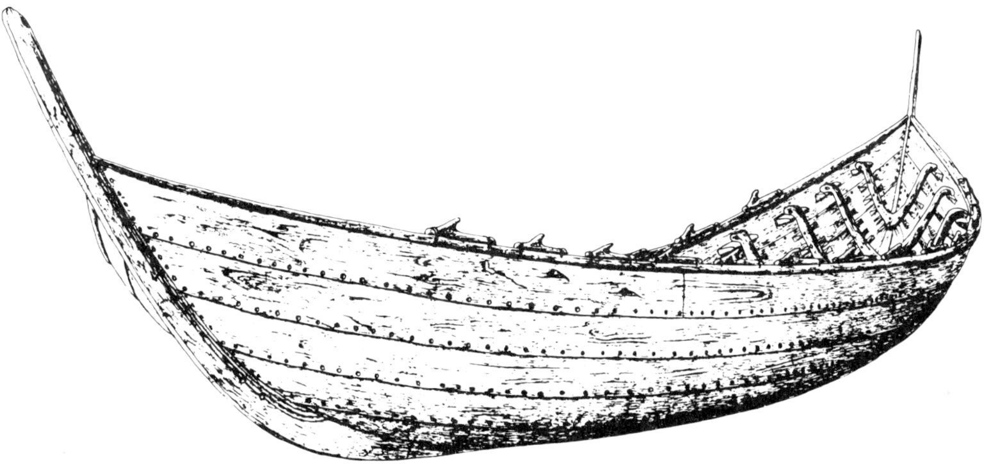

wände, fünf auf jeder Seite, bestehen aus Eichenholz. Sie sind in der Technik des jeweils von oben überlappenden Klinkerbaus durch Eisennieten miteinander verbunden. Die Spanten sind aus natürlich krumm gewachsenen Ästen gefertigt. Sie sind mit den Planken durch Taue beweglich verbunden. Das erhöhte die Elastizität und damit die Seetüchtigkeit bei höherem Wellengang. Ein besonders ausgebildeter Kiel ist nicht vorhanden, so daß das Schiff kaum mit Segelantrieb bewegt worden sein kann. Es fehlt auch jeder Ansatz für einen Mast. Dagegen zeigen aber Sitzbänke und Dollen, daß es auf jeder Seite für 18 Ruderer eingerichtet war. Insgesamt konnte es eine Besatzung von 45 Mann aufnehmen. Das Gewicht des leeren Schiffes beträgt 3300 kg, das einer 45köpfigen Mannschaft 3375 kg. Weiterhin können 675 kg mitgeführter Waffen, 450 kg Proviant und Wasser sowie 1000 kg Ballast veranschlagt werden. Bei einer solchen Belastung liegt die Oberkante der Reling mittschiffs immer noch etwa 60 cm über dem Wasserspiegel.

Mit solchen Schiffen mag die Auswanderung von Teilen der Angeln und Sachsen nach Britannien vor sich gegangen sein. Sie können aber ebensogut für den Vertrieb von Handelswaren auf der Nordsee und der Ostsee benutzt worden sein, da dieser Typ kein ausgesprochenes Kriegsschiff darstellt.

Ist der Verkehr über See besonders von den Jahreszeiten und den jeweiligen Witterungsbedingungen abhängig gewesen, so brachte der Ferntransport über Land andere Schwierigkeiten mit sich.

Abb. 13: Vergoldeter bronzener Spangenhelm mit beweglichen Wangenklappen und Nackenschutz. Der Stirnreif ist mit einem Preßblech verziert, die spitzovalen Platten der Kalotte sind mit Punzen verziert. Durchmesser 23 cm. Gefertigt am Anfang des 6. Jahrhunderts, niedergelegt in einem Grab am Ende des 6. Jahrhunderts.

Abb. 14: Mit Steinen besetzte goldene Vogelfibel aus dem Schatz von Pietroassa in Rumänien.

13

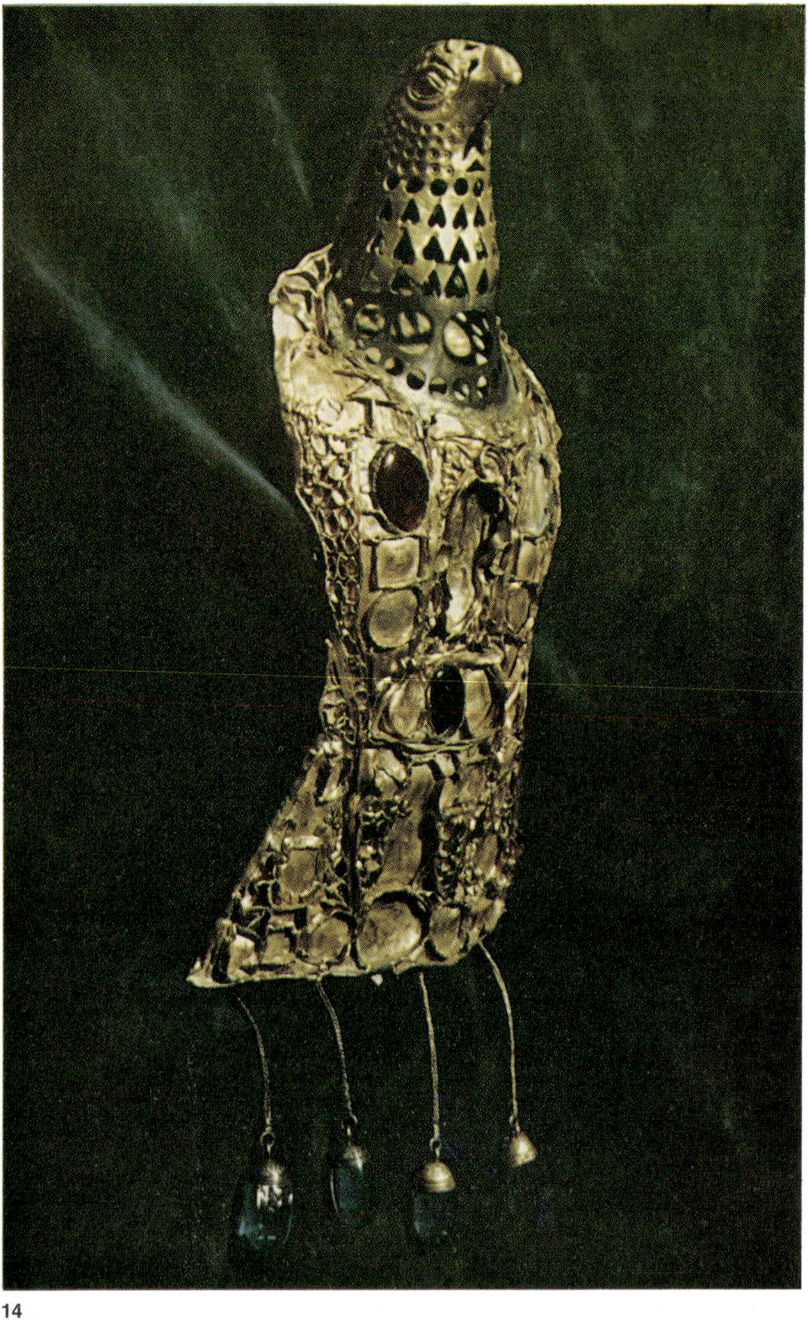

14

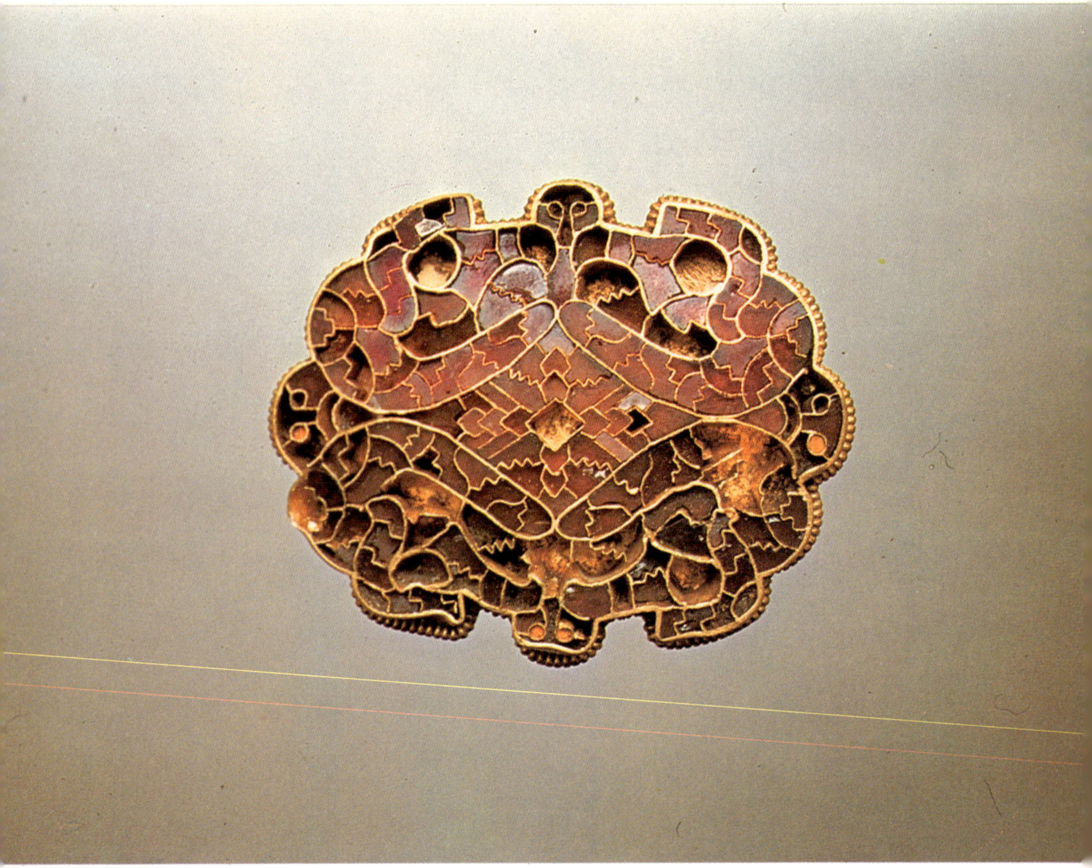

16

Über weite Teile Europas fehlte im frühen Mittelalter ein ausgebautes Wege- oder gar Straßennetz, das zu allen Jahreszeiten passierbar gewesen wäre. Gepflasterte Straßen, die im vormals provinzialrömischen Raum bestanden, wurden sogar von den Neusiedlern vernachlässigt und verfielen alsbald. Dennoch hat es selbstverständlich immer wieder benutzte Strecken geben. Sie verliefen bevorzugt durch die Täler. Oft sind sie sehr breit, da man den auf die Dauer tief ausgefahrenen Spuren ausweichen mußte. Die Datierung von Wegen ist sehr schwer, weil normalerweise keine nennenswerten Fundstücke darauf liegengeblieben sind. Manche Wegführungen scheinen bereits in der Bronzezeit zu beginnen, wie es Reihen großer Grabhügel markieren, die beiderseits ihres Verlaufes angelegt worden sind. Einige von diesen, wie der Ochsen- oder Heerweg auf der Kimbrischen Halbinsel, sind noch im hohen Mittelalter und in der beginnenden Neuzeit benutzt worden. Bei solchen Befunden kann sicher auch vorausgesetzt werden, daß sie in der Völkerwanderungszeit befahren worden sind. Zur Überwindung feuchter Niederungen sind schon in der vorrömischen Eisenzeit Dämme mit Steinpflasterung und sorgfältig gebaute Bohlenwege angelegt worden. Vereinzelt hat ihre Benutzung in Nordwestdeutschland noch in frühgeschichtlicher Zeit nachgewiesen werden können. Doch gilt das nur für kürzere Strekken. In der Regel werden die Wege nur aus ausgefahrenen Fahrspuren bestanden haben.
Mehrfach berichtet Gregor von Tours von schweren Lastwagen. Solche hat es auch im mittel- und nordeuropäischen Raum gegeben, jedoch hat sich keiner davon erhalten. Zahlreiche Funde von schweren

Abb. 15: Im Tierstil II verzierte Gürtelschnalle aus dem fürstlichen Schiffsgrab von Sutton Hoo in England. Anfang 7. Jahrhundert.

Abb. 16: In Cloisonnétechnik mit plangeschliffenen Almandinen geschmückte Scheibenfibel von Reinstrup, Seeland. Länge 5,9 cm.

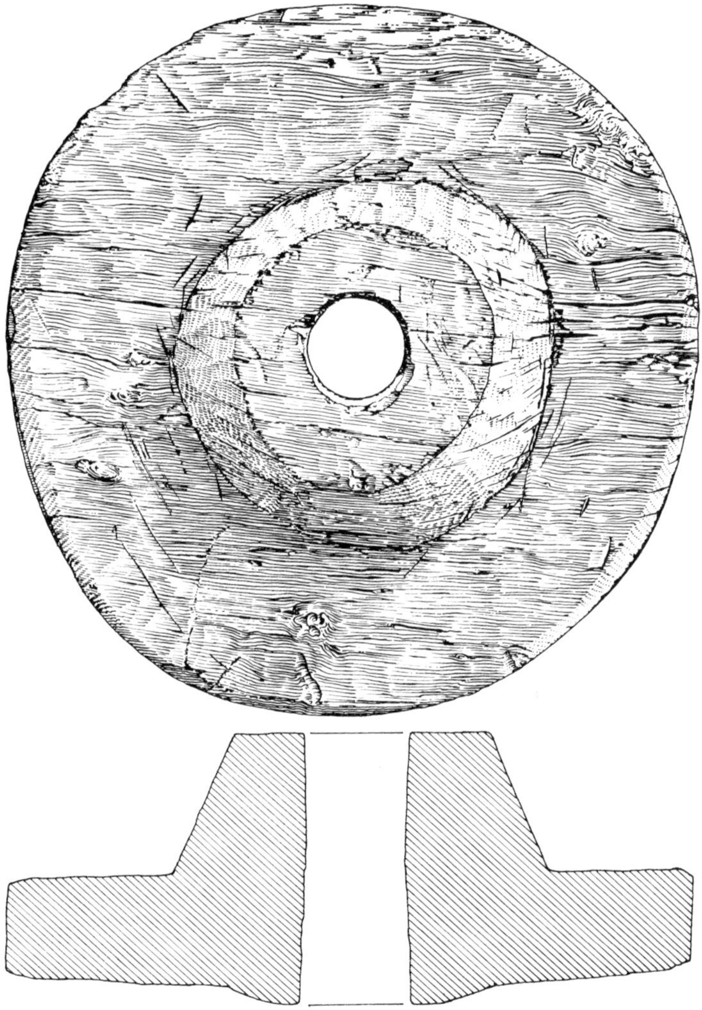

Fig. 21: Aus einem Stück gefertigtes Scheibenrad mit verstärkter konischer Nabe von Alt-Bennebek in Schleswig-Holstein. Durchmesser 47 cm.

Scheibenrädern zeigen das Vorhandensein von Wagen an, die in erster Linie für den Warentransport bestimmt waren. Bereits Jahrhunderte zuvor war aber auch schon eine leichtere Wagenform mit Speichenrädern für den Personenverkehr im Norden bekannt. Es wird diesen Typ ebenfalls noch in der Völkerwanderungszeit gegeben haben. Fig. 21

Schließlich wird im Rahmen des Fernhandels als Transportmittel neben den Wasserfahrzeugen und den Wagen noch an Tragtiere zu denken sein, die auch über unwegsame Strecken Lasten tragen konnten.

Die Abwicklung der Handelsgeschäfte ist im wesentlichen in Form eines Warentausches vor sich gegangen. Zwar sind auch sehr viele Münzen im Umlauf gewesen, doch bedeutet das keineswegs, daß deshalb münzwirtschaftliche Verhältnisse bestanden hätten. Nur westlich des Rheins diente geprägtes Geld als regelrechtes Zahlungsmittel. Hier war es die Bevölkerung gewohnt, Münzen zu verwenden, deren Gewicht und Feingehalt garantiert waren. In Mittel- und Nordeuropa sind die umlaufenden Münzen dagegen nach ihrem Metallwert und Gewicht benutzt worden, d. h. sie waren ein reines Tauschmittel. Fig. 22

In Gallien hatte in der 2. Hälfte des 5. Jahrhunderts die römische Münzprägung aufgehört. Unter den Söhnen Chlodwigs setzten dann neue, nun einheimische Goldprägungen ein, die allerdings vorerst noch Bildnisse der römischen Kaiser trugen. Erst Theudebert I., der in Köln vor der Mitte des 6. Jahrhunderts residierte, ließ seinen eigenen Namen auf Münzen prägen. Zwar hatte auch schon Theoderich in Italien seine eigenen Initialen auf Goldsolidi setzen lassen, doch waren sie immer im Namen des römischen Kaisers erschienen.

Nur der stets sehr selbstbewußt auftretende Wandalenkönig Geiserich hatte es zuvor gewagt, Münzen herauszugeben, die weder Kopf noch Namen des Kaisers trugen. Im linksrheinischen Gebiet wurden sehr bald Münzen nicht nur für Könige, sondern auch für Bischöfe,

Kirchen, Städte und sogar für Privatleute geprägt. Wie Gregor von Tours berichtet, wurden in einem Notfall sogar kurzerhand aus einem Kelch Münzen geschlagen. Da es keine staatlichen Münzstätten gab, hafteten die Münzmeister für die Qualität.

Das westeuropäische Münzwesen des frühen Mittelalters basierte auf einer Edelmetallwährung. Kleinmünzen für den alltäglichen Gebrauch fehlten dort im Gegensatz zum ostgotischen Italien, wo Theoderich für den täglichen Zahlungsverkehr Gold- und Silberscheidemünzen ausgeben ließ. Es bestand also keine voll entwickelte Geldwirtschaft. Bei diesem Zustand verwundert es nicht, wenn sogar Fälschungen in Form von vergoldeten Kupfermünzen in Umlauf waren. Laut Cassiodor hat sich schon Theoderich scharf gegen Falschmünzerei wenden müssen; er achtete stets auf das richtige Gewicht und die vorgeschriebene Legierung der Münzen.

Im rechtsrheinischen Mitteleuropa sowie in Nordeuropa war der Umlauf ausschließlich auf Fremdmünzen beschränkt. Diese waren nicht nur gallischer, sondern auch oströmischer Herkunft. Die allmähliche Verbesserung des Münzmetalles – nach einer inflationär anmutenden Verschlechterung der Metallegierung, verbunden mit einer Verringerung der Münzzufuhr seit dem 3. Jahrhundert – wird vornehmlich an den byzantinischen Exemplaren sichtbar. Diese oströmischen Goldmünzen finden sich mehrfach in völkerwanderungszeitlichen Schätzen Skandinaviens. Sie sind vermutlich auf Soldzahlungen zurückzuführen, denn die germanischen Verbündeten, die für die Grenzsicherung verantwortlich waren, wurden oft reichlich mit Gold entlohnt.

In einer breiten Übergangszone zwischen dem geldwirtschaftlich betonten Gallien und dem naturalwirtschaftlich geprägten, jenseits des früheren Limes gelegenen Raum wurde die Qualität der Münzen sorgfältig geprüft. Das Gewicht wurde durch kleine Feinwaagen und die Echtheit durch Kratzen mit einem Probierstein (z. B. Kieselschiefer) festgestellt, während sich der Feingehalt wohl nur durch Erfahrung

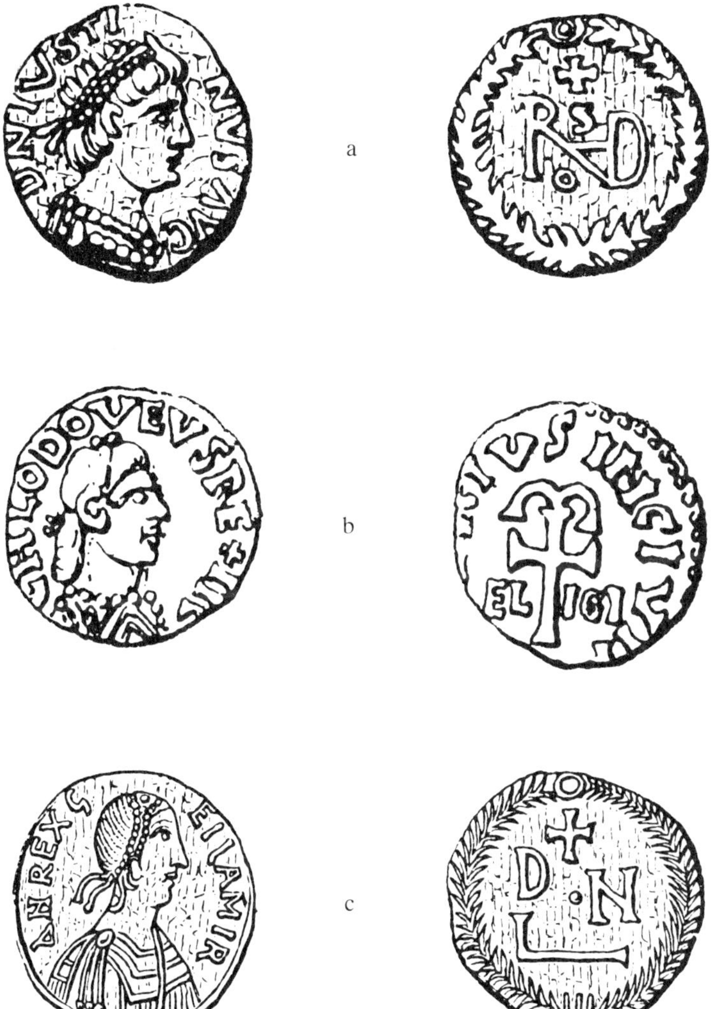

Fig. 22: Frühe germanische Münzen (vergrößert):
a. Münze des Ostgoten Theoderich des Großen
b. Münze des Franken Chlodwig
c. Münze des Wandalen Gelimer

abschätzen ließ. Auf diese Weise war hier zumindest behelfsmäßig die Verwendung von Münzen im Zahlungsverkehr möglich. Im übrigen Mittel- und Nordeuropa werden die eingeführten Goldmünzen dagegen kaum eine nennenswerte Mittlerrolle im Handel gespielt haben. Nur sehr vereinzelt in den Gräbern in Skandinavien auftretende Feinwaagen deuten darauf hin, daß die Goldmünzen zuweilen nach ihrem Gewicht ausgetauscht worden sein mögen. Die meisten dienten dagegen sekundär sicher als Rohmaterial, d.h. sie wurden eingeschmolzen, um aus ihnen wertvolle Schmuckstücke und andere Objekte zu fertigen. In diesem Sinne werden auch die beiden Solidischatzfunde in der kunsthandwerklich betonten Siedlung von Helgö zu deuten sein. Der erste bestand aus 21 Münzen, der größere zweite aus 47 Münzen – 37 oströmischer, 6 ostgotischer und 4 weströmischer Herkunft.

Die Beschaffung zumindest metallener Rohmaterialien wird die germanischen Handwerker immer vor große Schwierigkeiten gestellt haben. Für die Goldzufuhr werden die Soldzahlungen nicht ausgereicht haben. Plünderungen, Lösegelder und Tribute trugen dazu ebenfalls bei. So verlangte Alarich bei der Belagerung Roms 5000 Pfund Gold und 30 000 Pfund Silber (weiterhin 4000 seidene Gewänder, 3000 purpurgefärbte Felle und 3000 Pfund Pfeffer). Dafür mußten nicht nur goldene und silberne Statuen eingeschmolzen werden, sondern auch der goldene Zierat der Götterbilder. Bei der Plünderung Roms im Jahre 455 unter Geiserich hielten die Wandalen die vergoldeten bronzenen Dachziegel vom Tempel des Jupiter Capitolinus für pures Gold und deckten sie daher alle ab.

Von den Metallen ist während der Völkerwanderungszeit in Mittel- und Nordeuropa nur Eisen abgebaut worden, das in Barrenform in den Handel kam. Es wurde vorwiegend aus Sumpferz und Raseneisenerz gewonnen. Alle anderen Metalle mußten von auswärts bezogen werden. Der Bedarf an der in großem Umfang verarbeiteten Bronze wurde zum einen durch südliche Importe gedeckt, zum anderen durch eingeschmolzenes Metall aus römischer Zeit. Daher gab es in dieser Periode noch keine spezialisierten Werkstätten, deren Standort an das Vorkommen von Bunt- oder Edelmetallen gebunden war. Leicht muß es Betrügern gefallen sein, durch äußerlich angebrachte Vergoldung Gewinne zu erzielen. Sogar Chlodwig soll »künstlich vergoldetes Erz« als reines Gold ausgegeben haben, und Gregor von Tours berichtet von gestempelten Bronzebarren, die wie »lauteres und geprüftes Gold« aussahen.

Am besten zu erfassen sind naturgemäß in den Bodenfunden die metallverarbeitenden Handwerkszweige. Aber es hat auch andere gegeben, deren Hinterlassenschaften weniger beständig waren. Die Textilmanufaktur – in karolingischer Zeit durch besondere Webhäuser gut belegt – hat es mit Gewißheit gegeben. Darüber hinaus sind aber Kleidungsstücke sicher auch als Hauswerk gefertigt worden.

Sind von der Textilherstellung Spinnwirtel und Spuren von Webstühlen als Zeugnisse des Fertigungsprozesses erhalten, so ist die Holzverarbeitung dagegen nur durch die Fertigprodukte zu erschließen. Eventuell könnten allerdings einige Feilen aus Gräbern als spezielle Werkzeuge für die Holzverarbeitung angesprochen werden. Vor allem die hervorragend gedrechselten Holzgefäße und erhaltene Möbelstücke zeigen die Existenz von spezialisierten Drechslern. Ihr Werkplatz wird im Gegensatz zu dem der Böttcher durch die notwendige Drehbank standortgebunden gewesen sein.

An einen festen Platz gebunden waren auch die aus römischer Zeit fortgeführten Glasindustrien Nordfrankreichs, Belgiens und des Rheinlandes, deren Produkte weithin verhandelt wurden. Dasselbe gilt ebenso für die Töpfereien in den Argonnen und in der Eifel wie für die Basaltindustrie des Neuwieder Beckens, wo Mühlsteine hergestellt wurden. Solche Zentren blühten durch die bewährten Sand- und Tonlager, ihre günstige Verkehrslage hinsichtlich der Flußtransporte sowie durch die umliegenden Wälder, die den großen Bedarf an notwendigem Holz für die Feuerung deckten.

Fig. 23: Zeichnerisch ergänztes Bruchstück einer tönernen Gußform für die Kopfplatte einer Bügelfibel aus der Siedlung Helgö im Mälarsee.

Die Herstellung von Waffen und Eisengeräten wird wie die ebenso auf dem Runden Berg bei Urach nachgewiesene Gagat- und Edelsteinverarbeitung in den Händen von hauptberuflich tätigen »Meistern« gelegen haben und in fest installierten Werkstätten beziehungsweise Schmieden betrieben worden sein. In der Schwertproduktion wurde ein Höhepunkt durch die Erzeugung damaszierter, sogenannter »wurmbunter« Klingen erreicht. Bei diesen sind abwechselnde Lagen weichen, schmiedbaren Eisens mit aufgekohlten und dadurch geradezu stahlartig harten Eisens zusammengeschweißt worden. Ihre Herstellung war kompliziert und setzte kundige Schwertfeger voraus. Theoderich hat solche Klingen besonders geschätzt.

Einen hohen Stand erreichten in der Völkerwanderungszeit auch die Bronzegießer sowie die Gold- und Silberschmiede.

Bunt- und Edelmetalle wurden nach drei verschiedenen Verfahren
Fig. 23 gegossen. Die Formen selbst bestanden aus gebranntem Ton. Am einfachsten war der offene Herdguß, bei dem das flüssige Metall in eine seichte Vertiefung der Tonform gegossen wurde. Verwendbar

war dieses Verfahren für unkomplizierte, möglichst flache Objekte. Schwieriger war der Guß in zweiteiliger Form. Hierbei wurde ein Modell des angestrebten Fertigproduktes in zwei Formhälften abgedrückt. Solche Modelle aus Blei sind auf dem Runden Berg bei Urach gefunden worden. Nachdem beide Hälften der trockenen harten Form mit einer Schnur umwickelt waren, wurde die Gußmasse durch eine trichterförmige Öffnung eingegossen. Nach Erkalten des Metalls konnten die Formhälften voneinander gelöst und das fertige Produkt entnommen werden. Diese beiden Gußverfahren boten den Vorteil, daß die Formen wieder verwendet und damit also Serien gleicher Objekte hergestellt werden konnten.
Wesentlich aufwendiger war dagegen der Guß in der sogenannten verlorenen Form: aus Bienenwachs wurde ein Modell gefertigt, das mit einem Tonmantel umschlossen wurde. Beim Brennen des Tons wurde dieser hart, während zugleich das Wachs aus einer freigelassenen Öffnung herausfloß. Nun konnte in den entstandenen Hohlraum das flüssige Metall eingegossen werden. Das Fertigprodukt war jedoch nur der Form zu entnehmen, wenn diese zuvor zerschlagen wurde, die dadurch für eine erneute Verwendung »verloren« war. Diese Methode wurde für komplizierte und verzweigte plastische Objekte benutzt.
Bei allen Verfahren wurden nur Objekte erzielt, die noch dringend einer Nachbereitung bedurften. Gußnähte sowie übertragene Unebenheiten der Gußform mußten entfernt werden, bevor die eigentliche Verzierung aus aufgesetzten Edelsteinen, Einlagen oder durch Vergoldung vorgenommen werden konnte.
Die Herstellung von Metallobjekten war also nicht nur abhängig von dem manuellen Geschick des Erzeugers, sondern sie erforderte zugleich auch eine große Erfahrung hinsichtlich der verwendbaren Tone, der Legierungen und der notwendigen Schmelztemperaturen. Das bedeutet, daß eigentlich nur spezialisierte Handwerker zur erfolgreichen Durchführung dieser Arbeiten in der Lage waren.

Für die Völkerwanderungszeit lassen sich zwei grundsätzlich verschiedene Betriebsformen metallhandwerklicher Tätigkeit nachweisen. Die wichtigste ist sicher die in standortgebundenen Werkstätten gewesen.

Fig. 12 Besonders deutlich wird das an dem schwedischen Befund von Helgö.
Fig. 23 Die mehr als 10 000 geborgenen Gußformbruchstücke erweisen hier eine geradezu industrialisierte Fertigung von Schmuckstücken, die für einen gezielt betriebenen Handel hergestellt wurden. Als wichtigste Werkzeuge wurden in Helgö Amboß, Feilen, Hämmer, Meißel, Punzen und Zangen benutzt. Weiterhin zeugen hier vom Handwerk Barren aus Eisen und Bronze, Gußtiegel, Schmelzgruben, Herdstellen und Halbfabrikate. An diesem Ort müssen mehrere Kunsthandwerker über einen längeren Zeitraum hin tätig gewesen sein. Ihre Arbeit bildete die wirtschaftliche Grundlage der gesamten kleinen Ansiedlung und ermöglichte den Bezug wertvoller Importgüter.

Stationäres Handwerk in fest installierten Werkstätten ist aber nicht nur in Zentren dieser Art ausgeübt worden. Auch zu Orten ganz anderer Struktur haben ständige Betriebe gehört. Das zeigen Gußformen auf dem hessischen Glauberg, der vermutlich ein alamannischer Adelssitz gewesen ist, ebenso wie Produktionshinterlassenschaften verschiedener Arbeitsbereiche auf der befestigten Höhensiedlung des Runden Berges bei Urach.

Neben den standortgebundenen Handwerkern hat es in der Völkerwanderungszeit auch solche gegeben, die umherzogen und ihre Dienste der jeweiligen örtlichen Nachfrage anboten. Möglich ist das nur für diejenigen Gewerbezweige, deren Ausrüstung transportabel gewesen ist. Das gilt vor allem für die Gold- und Silberschmiede sowie die Buntmetallgießer.

Im Raum nördlich der Alpen gibt es einige Fundarten, die den Schluß auf Wanderhandwerker zulassen. Dazu gehören die aus Bronzeblech getriebenen Perlrandbecken des 5. und 6. Jahrhunderts. Die Analyse ihrer Legierungen ergab eine große Variationsbreite. Das bedeutet, daß sie nicht in nur einer Werkstatt entstanden sind. Vielmehr ist das benutzte Rohmaterial verschiedenartiger Herkunft. Sie werden vermutlich von Wanderhandwerkern hergestellt worden sein, die am Ort ihrer Auftraggeber Altmetall zusammentrugen, einschmolzen und verarbeiteten. Bestätigt wird diese Deutung durch das Verbreitungsgebiet dieser Objekte, das sehr unregelmäßig ist, verschiedene Dichtezentren erkennen läßt und damit keinerlei Anhaltspunkte für einen Export über Handelswege bietet.

Noch sicherer greifbar werden die metallverarbeitenden Wanderhandwerker in einigen Grabfunden. Es handelt sich dabei um sogenannte Schmiedegräber, die vereinzelt auf größeren Friedhöfen vorkommen. Den dort Bestatteten ist ihr Handwerkszeug mitgegeben worden. Sie sind an ihrem letzten Wirkungsort verstorben. Dort gab es keine ortsgebundene Werkstatt, in der ihr Arbeitsgerät hätte verbleiben müssen – niemand hatte einen Rechtsanspruch darauf. Bestätigt werden solche Befunde durch die zeitgenössische schriftliche Überlieferung, in der umherziehende Goldschmiede erwähnt werden. Vermutlich ist gerade auf die Wirkung von Wanderhandwerkern die schnelle Verbreitung völkerwanderungszeitlicher Verzierungstechniken zurückzuführen.

Nah- und Fernhandel sowie industrialisiertes stationäres und ambulantes Handwerk schufen die Voraussetzungen für die sehr einheitliche materielle Kultur des frühen Mittelalters.

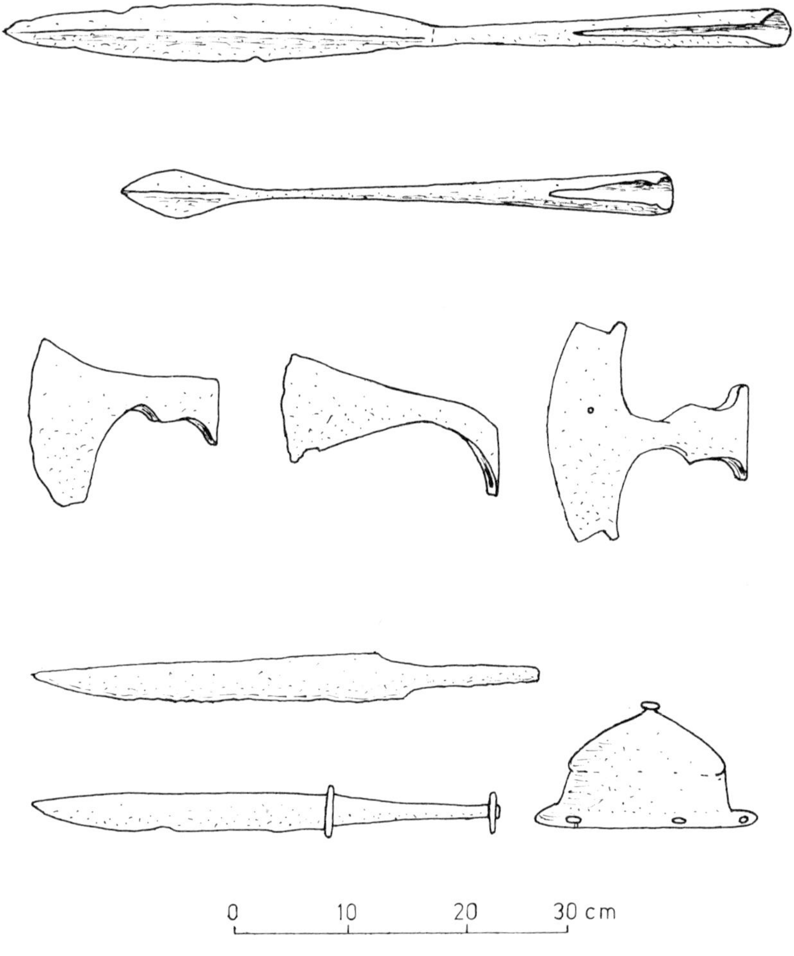

Fig. 24: Typische Waffenformen der Völkerwanderungszeit aus dem fränkisch besiedelten Trierer Land. Zwei Saxe, Lanzenspitzen, Äxte und ein Schildbuckel, alle aus Eisen.

WAFFEN UND KAMPFESWEISE

Kämpfe und Kriege haben den Verlauf der Völkerwanderungszeit maßgeblich bestimmt. Die schriftlichen Quellen berichten immer wieder von Schlachten und Überfällen. Nahezu jede Inbesitznahme neuen Siedlungsgebietes ist mit gewaltsamen Auseinandersetzungen einhergegangen. Die Menschen dieser dunklen Jahrhunderte müssen immer kampfbereit gewesen sein, und es ist daher nicht erstaunlich, daß sowohl auf eine große Vielfalt der Waffenformen als auch auf de- Fig. 24, ABB. 8
ren Qualität besonderer Wert gelegt worden ist. Manche meisterhaft verzierten Waffen kommen nur in fürstlichen Bestattungen vor. Diese Prunkwaffen lassen damit eine soziologische Differenzierung in der Waffenführung erkennen.

Nach einer Phase leichter Bewaffnung in der römischen Kaiserzeit, die den Kriegern auch in taktischen Verbänden Wendigkeit beließ, setzt mit der Völkerwanderungszeit ein Wandel zur schweren Rüstung ein. Damit geht eine Bevorzugung des Einzelkampfes gegenüber den in Formationen geführten kriegerischen Auseinandersetzungen einher. Am deutlichsten kommt dies in der Spatha, dem zweischneidigen Langschwert, zum Ausdruck. Diese Waffe wurde nun ABB. 9
nicht mehr nur von Fußkämpfern getragen, sondern auch von Berittenen. Sie war also zugleich Hieb- als auch Stichwaffe.

Ihre Länge kann bis zu 1 m betragen, die Klingenbreite schwankt zwischen 4,5 und 6 cm. Die eigentliche Griffpartie aus organischem Material war an einem langen Dorn oder an einer Zunge befestigt, die unmittelbar aus der Klinge herauswuchs. Parierstange und Knauf sind oft mit Gold und Halbedelsteinen verziert. An manchen Exemplaren findet sich auf der einen Knaufseite ein massiver goldener Ring; er ist als Ausdruck einer Schwertbruderschaft gedeutet worden. An anderen war zuweilen eine verzierte Meerschaumkugel befestigt, die vermutlich eine aus iranischem Bereich übernommene, glückbringende magische Schwertperle darstellen soll. Von den Schwertscheiden, die aus Leder und Holz zusammengesetzt waren, ABB. 10 haben sich in der Regel nur die verzierten Metallbeschläge erhalten. Das gilt ebenso für das übrige Wehrgehänge, an dem das Schwert frei beweglich befestigt gewesen ist.

Das Schwert ist nur von einer kleinen Minderzahl der wehrfähigen Männer getragen worden. Kostbare Prunkschwerter waren sogar nur im Besitz von Kriegern, die ohnehin wegen ihrer Grabausstattung als die führenden Persönlichkeiten der Zeit betrachtet werden dürfen.

Neben die Spatha tritt seit der Wende zum 5. Jahrhundert als An- ABB. 11 griffswaffe der Sax, ein einschneidiges Hiebschwert mit kräftigem Rücken. Eine ähnliche Form ist schon in den letzten Jahrhunderten vor Christi Geburt in Mitteleuropa bekannt gewesen, doch hat sie bei den Germanen der römischen Kaiserzeit nur selten Verwendung gefunden. Erst mit dem Einbruch östlicher Anregungen ist diese reiternomadische Waffe wieder in das Arsenal aufgenommen worden. Der Sax hat eine Länge von 40 bis 80 cm, wobei die Griffpartie bis zu einem Drittel der gesamten Waffe ausmachen kann. Die lange Griffform war dazu bestimmt, das Schwert beim Hieb mit beiden Händen führen zu können. Auch der Sax ist keineswegs Allgemeingut gewesen, sondern sein Vorkommen ist ebenfalls nur auf Gräber beschränkt, die auch sonst als die Bestattungen wohlhabender Männer zu erkennen sind. Sax und Spatha schließen sich dabei nicht gegenseitig aus, d.h. die eine Waffe ist nicht als einfacherer Ersatz der anderen zu verstehen, sondern sie ergänzen sich in ihrer Funktion. Dennoch scheint der Sax zumindest zahlenmäßig die Hauptwaffe der Völkerwanderungszeit gewesen zu sein.

Eine echte Ergänzung bilden dagegen die Messer und Dolche, die nicht nur als vielfältig benutztes Arbeitsgerät dienten, sondern auch als Eßbesteck und vor allem im Kampf Verwendung fanden. Sie stellen die am weitesten verbreitete Form der Nahkampfwaffen dar. Wie

Gregor von Tours mehrfach berichtet, sind ihre Klingen oft mit einem tödlichen Gift bestrichen gewesen.

Eine wesentliche Rolle hat beim Kampf von Mann gegen Mann auch die Lanze während des gesamten frühen Mittelalters gespielt. Da die hölzernen Schäfte vergangen sind, läßt sich den Funden nicht immer entnehmen, ob die eisernen Spitzen zu Lanzen, d.h. zu Stoßwaffen, oder zu Speeren, d.h. zu Wurfwaffen gehört haben. Ihre Länge kann nicht ermittelt werden, weil metallene Lanzenschuhe nicht angebracht wurden. Doch konnten sie immerhin laut Gregor von Tours zweckentfremdet zum Staken von Booten benutzt werden. Die Größe der Blätter sowie Erwähnungen in der zeitgenössischen Literatur und die erschließbare Kampfesweise dieser Periode lassen darüber hinaus die Folgerung zu, daß es sich bei den schlanken eisernen Spitzen überwiegend um Nahkampfwaffen gehandelt hat. Die Tüllen, in die der durch Niete befestigte Holzschaft eingeschoben wurde, sind oft sorgfältig verziert. Eine Sonderform stellen große Lanzenspitzen mit zwei weit herausragenden Sprossen an der Tülle dar. Diese sind wohl am ehesten im Sinne hochmittelalterlicher Saufedern als Jagdwaffen anzusprechen. ABB. 11

Die große Bedeutung der Lanze beziehungsweise des Speeres ergibt sich aber vor allem aus der Tatsache, daß sie als Symbol der Herrschaft begriffen wurden. Zumindest bei den Franken und Langobarden wurde mit der Übergabe der königlichen Lanze auch die Königsgewalt erteilt. In solchen Fällen ist sie also eine Regalie, d.h. ein Herrschaftszeichen gewesen. Entsprechend hat sich schon der Kleinkönig Childerich auf seinem Siegelring mit dieser Waffe abbilden lassen. Fig. 44

Sind die bisher genannten Angriffswaffen in der Völkerwanderungszeit gemeingermanisch verbreitet gewesen, so seien nun noch zwei Formen aufgeführt, die nahezu ausschließlich von den Franken gehandhabt wurden und also als stammesgebunden bezeichnet werden dürfen. Ihre Verwendung gibt zugleich eine auf die Franken begrenzte Kampfesweise zu erkennen.

ABB. 8 Funktional in der Nähe von Lanze und Speer steht der Ango, eine Wurfwaffe, die vermutlich nicht auf das römische pilum zurückzuführen ist, sondern aus einheimischen Vorformen entwickelt wurde. Seine besonderen Kennzeichen sind ein auffallend langer eiserner Schaft, der bis zu annähernd 1,90 m Länge betragen kann, sowie die massive Spitze, die mit Widerhaken ausgestattet ist. Agathias hat das Aussehen und die Verwendungsweise des Ango wie folgt (verkürzt) beschrieben: »Die Angonen sind nicht ganz kurze, aber auch nicht sehr lange Speere, zum Wurfe tauglich, wie zum Kampfe in der Nähe. Sie sind zum größten Teil mit Eisen bedeckt, so daß vom Holz nur wenig . . . zu sehen ist. An dem oberen Teil des Speeres ragen jedoch auf beiden Seiten gekrümmte Spitzen vor, welche hakenförmig zurück- und abwärtsgebogen sind. Im Kampf wirft der fränkische Krieger den Angon, der, sobald er den Körper trifft, überaus tief eindringt und von dem Verwundeten nicht herausgezogen werden kann, der Widerhaken wegen, welche furchtbare und tödliche Verletzungen verursachen. Sieht dieses der Franke, so springt er hinzu, drückt durch einen Tritt auf den Speer mit der Last seines Körpers den [getroffenen] Schild des Gegners herab und tötet den nun unbedeckten mit der Axt oder einem anderen Speer.« Inwiefern diese Kampfesweise zutrifft, ist nicht zu überprüfen. Auf jeden Fall wird der von einem Ango Getroffene wegen der Widerhaken und des Gewichtes weitgehend kampfunfähig gewesen sein, da er gleichsam harpuniert war. Der Ango wird nicht die alleinige Waffenausstattung eines Kriegers gewesen sein, da er nur ein einziges Mal zu verwenden war.
Ebenso regional begrenzt wie das Vorkommen des Ango ist das der
Fig. 24, ABB. 8 Franziska, deren Name – so überliefert bei Isidor von Sevilla – sie bereits als eine typisch fränkische Waffe zu erkennen gibt, die darüber hinaus nur noch vereinzelt in Mitteldeutschland auftritt. Es ist eine reine Wurfaxt aus Eisen mit stark gebogener Schneide. Ihre Handhabung erforderte viel Geschick. Moderne Versuche haben ergeben, daß sie beim gekonnten Wurf etwa alle 4 m eine Umdrehung vollzieht

und also jeweils bei 4 bzw. 8 und 12 m der größte Gefahrenbereich liegt. Sie ist wahrscheinlich nur aus dem Stand heraus geworfen worden und folglich die Waffe von Fußkämpfern beziehungsweise von Berittenen gewesen, die zu Fuß weiterkämpften. Die Franziska konnte ebenso wie der Ango nur einmal benutzt werden und bedurfte demnach der Ergänzung durch andere Waffen. Beide Formen treten entsprechend nur in Gräbern auf, die eine reichhaltige Waffenausstattung besitzen. Sie wurden daher wohl nur von der führenden Schicht der Franken benutzt. Auch einige Kindergräber haben Franzisken bewahrt, sogar in Miniaturformat oder aus Blei gegossen, die wohl die gesellschaftliche Stellung der dort Bestatteten dokumentieren sollten.

Über diese metallenen, in den Grabfunden bewahrten Trutzwaffen hinaus sind einige weitere Arten belegt, die vollständig oder weitgehend aus organischem, also leichter vergänglichem Material bestanden haben. An erster Stelle sind Pfeil und Bogen zu nennen, deren eiserne Spitzen zuweilen in mehreren Exemplaren in den Gräbern auftreten. Sie konnten zur besseren Wirkung in den Saft »giftiger Kräuter« getaucht sein. Vielfach werden die Pfeile, für deren Aufbewahrung Köcher vorauszusetzen sind, jedoch nur horn- bzw. knochenbewehrt gewesen sein oder sie waren sogar nur vorn zur Härtung angebrannt, wie es für die römische Kaiserzeit nachweisbar ist. Im 3. und 4. Jahrhundert gab es mannshohe Langbögen aus Eibenholz, deren gebündelte Niederlegung in Moorfunden auf gemeinsam kämpfende Gruppen von Bogenschützen schließen läßt. Um solche Bogen wird es sich bei den Germanen der Völkerwanderungszeit ebenfalls gehandelt haben. Mit dieser sperrigen, nur von Fußkämpfern benutzbaren Ausrüstung waren ihre Träger aber nicht den vom Pferde aus schießenden Hunnen gewachsen, die den gefürchteten Reflexbogen mit größtem Geschick handhabten. Dieser kurze Bogen war auf höchst komplizierte Weise aus mehreren Teilen zusammengesetzt, die wegen ihrer Krümmung beiderseits der Griffstelle trotz der geringen Länge eine starke Sehnenspannung und damit sowohl eine große Reichweite als auch eine hohe Durchschlagskraft der Pfeile bewirkten. Von den germanischen Stämmen ist diese auf generationenlanger Erfahrung beruhende Fernwaffe nicht übernommen worden.

Von Ammianus Marcellinus wird für die Hunnen auch eine lasso- oder bolaähnliche Waffe überliefert, in die sich die Glieder der Gegner verstrickten. Für die Verwendung eines solchen Hilfsmittels im Kampf bei anderen völkerwanderungszeitlichen Stämmen gibt es keinen Hinweis. Anzunehmen ist dagegen die Benutzung einer Schleuder, und erwähnt wird bei Ammianus Marcellinus für die Westgoten auch der Einsatz von im Feuer gehärteten Holzkeulen.

Belegt ist schließlich noch unter den Fernwaffen der Bumerang, der im Vergleich zur Franziska eine wesentlich größere Reichweite hatte. Er begegnet bereits in einem thüringischen Moorfund des 3. Jahrhunderts, und für das 6. Jahrhundert überliefert Isidor von Sevilla den Bumerang als eine Waffe, die von den Franken und Westgoten eingesetzt wurde. Da er ganz aus Holz gefertigt war, ist er in den Bodenfunden naturgemäß nur unter besonders günstigen Erhaltungsbedingungen nachweisbar. Inwieweit er also tatsächlich zur gängigen Waffenausstattung dieser beiden oder gar noch anderer Stämme gehört hat, kann nicht geklärt werden.

Weniger vielfältig als die Trutzwaffen des frühen Mittelalters waren die Schutzwaffen.

Die wichtigste und zugleich die am weitesten verbreitete Defensivwaffe war ohne Zweifel der Schild. Er war verhältnismäßig leicht herzustellen, da er ausschließlich aus Holz bestehen konnte. In der Regel weisen die Schilde jedoch mehrere Metallteile auf, durch die sie besonders widerstandsfähig wurden. Ihre Form ist meist kreisrund gewesen, doch gab es ebenfalls ovale Typen, wie sie beispielsweise von
ABB. 12 der germanischen Leibwache auf dem Missorium Theodosius' I. ge-

führt werden. Diese Bilddarstellung zeigt auch eine Musterung der Frontseiten, die aus heute vergangener Farbe aufgetragen, auch bei anderen Schilden anzunehmen ist. In der zeitgenössischen Literatur werden mehrfach farbig bemalte oder gar mit Edelsteinen besetzte Schilde genannt. Es braucht sich dabei nicht nur um flächendeckende Einfärbungen zu handeln, sondern es mögen auch durchaus Motive mythologischen Inhalts aufgetragen gewesen sein, wie das für spätere Zeiten überliefert ist.

Die Schilde waren aus dünnen Holzbrettern gefertigt, und in der Regel ist wohl zusätzlich ein Lederüberzug zur Verstärkung vorauszusetzen. Über einer Öffnung in der Mitte befand sich ein gewölbter Schildbuckel zum Schutz der Faust, die einen rückseitig angebrachten Griff, die Schildfessel, hielt. Am Rand sind zuweilen darüber hinaus umlaufende metallene Schildrandbeschläge befestigt, die ein Aufspalten von der Seite her verhindern sollten.

Der Schild war eine typische Nahkampfwaffe der Fußkämpfer, der meist in der linken Hand geführt wurde. Die rechte Hand mußte zur Handhabung einer Angriffswaffe freibleiben. In den Gräbern finden sich entsprechend vor allem Kombinationen von Schild und Schwert. Allerdings ist nur ein verhältnismäßig kleiner Kreis der wehrfähigen Männer mit diesen Waffen ausgestattet gewesen.

Noch wesentlich seltener als Schilde begegnen Helme in den Funden. Sie scheinen geradezu ausschließlich auf diejenigen Gräber beschränkt zu sein, die als Fürstengräber bekannt sind und also als Grablegen der führenden Schichten verstanden werden. Den technischen und ornamentalen Übereinstimmungen nach sind manche Exemplare in derselben Werkstatt hergestellt worden. Bei der geringen Anzahl vorliegender Helme darf deshalb darauf geschlossen werden, daß es nur wenige Waffenschmiede gab, die ihre Anfertigung beherrschten. Die häufigsten Funde sind sogenannte Spangenhelme, die über einen umlaufenden Bronzereif aufgebaut sind. Von diesem Reif aus ziehen sich mehrere Bügel zur Helmspitze. Die Zwischen-

räume sind mit Bronzeblechen ausgefüllt. Die Verzierungen sind gepunzt, graviert oder in Preßblechtechnik ausgeführt. Für wie wertvoll solche Helme erachtet wurden, ergibt sich aus der Beobachtung, daß in dem Fürstengrab von Krefeld-Gellep am Anfang des 6. Jahrhunderts ein Helm niedergelegt wurde, während ein nahezu identisches
ABB. 13 und damit zeitgleiches Exemplar in dem Fürstengrab von Morken erst gegen Ende desselben Jahrhunderts in den Erdboden gelangte. Manche Verzierungsmotive dieses Helmtyps gehören vermutlich in den Bereich christlicher Darstellungen, doch ist damit noch nicht erwiesen, daß ihre Träger Christen gewesen sind.

Neben dieser Gruppe von Metallhelmen ist noch ein weiterer von besonderem Interesse, der in dem fränkischen Knabengrab unter dem Kölner Dom geborgen wurde. Es ist ein glockenförmiger Helm, der aus drei Schichten besteht: einer Kalotte aus Leder, Hornplatten, die durch schmale Bronzebeschläge miteinander verbunden sind, sowie einer Helmkappe aus Leder. Die Widerstandsfähigkeit dieses sehr sorgfältig aufgebauten Helmes war also nicht durch eine Metallschicht gegeben, sondern wurde bewirkt durch die abwechselnde Folge von Leder und Horn. Zu diesem Helm gehörten weiterhin bewegliche Wangenklappen aus Bronzeblech, ein herabhängender Nackenschutz aus einem eisernen Ringgeflecht sowie ein Helmriemen mit Schnalle.

Der Helm ist im frühen Mittelalter sicher nicht nur eine Schutzwaffe gewesen, sondern er diente auch der Repräsentation. Sein Träger gab sich damit als eine der führenden oder sogar als die führende Person im Kampfverband zu erkennen und bezeichnete dadurch zugleich seine gesellschaftliche Stellung. Helme wurden also als eine Art Würdezeichen – vielleicht auch Herrschaftszeichen – angesehen. Sie sind die Erzeugnisse hochqualifizierter Handwerker, die auf Grund ihrer geringen Stückzahl kaum als Handelsware in die Hände ihrer letzten Besitzer gelangt sind, sondern eher im Rahmen von Gastgeschenken, als Beutegut oder einfach als Ausdruck von Familienverbindungen zwischen den führenden Geschlechtern ihren Weg dorthin fanden.

Als letzte Schutzwaffe der Völkerwanderungszeit ist noch der Panzer beziehungsweise die Brünne zu nennen. Kein komplettes Exemplar hat sich erhalten, doch ist ihr Vorhandensein ebenso aus der schriftlichen Überlieferung zu entnehmen wie aus bildlichen Darstellungen. Gregor von Tours nennt ausdrücklich aus Ringen gefertigte Panzer. Dieselbe Art des Aufbaus zeigen das Bild auf dem Siegelring des Childerich und andere zeitgenössische Herrscherbildnisse. Wie der Nackenschutz von Helmen sind sie aus einzelnen Metallgliedern zusammengeflochten. Fig. 44

Das Tragen von Brünnen oder Panzern ist ebenso wie das der anderen hier besprochenen Defensivwaffen – Schild und Helm – nicht allgemein üblich gewesen. In besonderem Maße gilt das für die beiden fest mit dem Körper des Trägers verbundenen (Helm und Brünne) im Gegensatz zu dem in der Hand geführten Schild, der etwas häufiger in den Funden begegnet. Der völkerwanderungszeitliche Krieger hat demnach seine Aufmerksamkeit wesentlich stärker auf den Angriff gerichtet als auf einen eventuellen persönlichen Schutz, dessen Notwendigkeit in seiner Vorstellung offensichtlich keinen rechten Platz hatte. Der besondere Schutz der führenden Personen wird wohl seine Erklärung darin haben, daß es zum einen ihre Person war, die vornehmlich zum Ziel feindlicher Angriffe wurde, und daß sie zum anderen ihre prunkvollen Defensivwaffen zugleich als weithin auffallende Rüstung zur Betonung ihrer Führerstellung trugen.

Der bei weitem überwiegende Teil der völkerwanderungszeitlichen Krieger setzte sich aus Fußkämpfern zusammen. Nur selten nachzuweisen sind waffentragende Berittene – außer bei den reiternomadischen Hunnen. Hinweise auf die Verwendung des Pferdes als Streitroß bieten solche Waffengräber, in denen auch Zaumzeuge liegen oder sogar, wie z. B. bei den Sachsen, Pferde mitbestattet wurden. Auch die Beigabe von Sporen spricht dafür – eiserne Steigbügel kommen erst seit der ausgehenden Merowingerzeit vor. Alle diese Momente begegnen allerdings nur äußerst selten. Sie sind auf diejenigen Gräber begrenzt, die sich auch durch eine vielseitige und prunkvolle Bewaffnung als die Bestattungsplätze schwer gerüsteter Kämpfer erweisen. Diesen mag im Kampf ein Waffenträger zugeordnet gewesen sein.

Bei den Sätteln dieser Zeit wird es sich um Holzgestelle mit Lederüberzug gehandelt haben. Kunstvoll verzierte Sattelbeschläge stammen aus dem Fürstengrab von Krefeld-Gellep. Der Tote gehörte zu Lebzeiten zu demjenigen Personenkreis, der durch das Reiten seiner hohen gesellschaftlichen Stellung besonderen Ausdruck verlieh.

Neben diesen Beobachtungen wird auch durch die Tatsache, daß im völkerwanderungszeitlichen Fundbestand der germanischen Welt keine spezifischen Reiterwaffen zu erkennen sind, deutlich, daß berittene Kampfeinheiten in Form einer Kavallerie keine nennenswerte Rolle gespielt haben. Überhaupt scheint es geschlossen operierende taktische Formationen nicht gegeben zu haben. Entscheidend war der Kampf von Mann gegen Mann.

Oft ist versucht worden, die unterschiedliche Staffelung der Waffen in den Gräbern soziologisch auszuwerten. Differenzierte allgemeingültige Erkenntnisse haben sich dabei noch nicht gewinnen lassen. Doch zeichnen sich immerhin einige große Erscheinungen ab, die für weite Teile West-, Mittel- und Nordeuropas zutreffen.

Auf den Friedhöfen sind durchschnittlich nur etwa 50 % der Toten mit Beigaben ausgestattet. Das gilt für Männer ebenso wie für Frauen. Sollten alle Männer die Waffen, die sie getragen haben, tatsächlich mit in das Grab bekommen haben, so ist nur etwa die Hälfte der Wehrfähigen bewaffnet gewesen. Von diesen wiederum besaßen nur wenige eine vollständige Waffenausrüstung, bestehend aus mehreren Angriffswaffen und zumindest einer Schutzwaffe. Spatha, Lanze (bei den Bayern nur wenig vertreten), Sax sowie Pfeil und Bogen sind als

Waffenformen überall etwa gleichmäßig vertreten gewesen, doch nicht in dieser Kombination. Meist besaß ein Krieger nur zwei Waffen – dann eine für den Fernkampf und eine für den nachfolgenden Nahkampf – oder sogar nur eine, wobei es sich überwiegend um den Sax handelt. Regionale Besonderheiten wie die Franziska oder der Ango gehörten in der Regel nicht zu dieser einfachen Waffenausstattung.

Sicher kommt in der verschieden reichhaltigen Bewaffnung einer zusammengehörigen Bevölkerungsgruppe eine soziologische Differenzierung ihrer Träger zum Ausdruck. Am ehesten wird hierbei an eine Gliederung nach Freien, Halbfreien und Unfreien zu denken sein, doch mögen ebenso der persönliche Wohlstand des einzelnen Wehrfähigen wie nicht zuletzt auch sein Alter dabei eine wesentliche Rolle gespielt haben.

Größere Kampfmaschinen scheinen die Germanen auf ihren Wanderungen nicht mit sich geführt zu haben. Wenn solche für Belagerungszwecke notwendig wurden, so sind sie an Ort und Stelle gebaut worden. Das gilt wohl auch für die Sturmböcke, mit denen Attilas Hunnen Orleans berannten. Als spontan geschaffenes Hilfsmittel für den Kampf berichtet schließlich noch Gregor von Tours über getarnte Fallgruben, die die Thüringer auf dem Schlachtfeld anlegten, das für ihren Kampf mit den Franken vorgesehen war. Tatsächlich wurden viele Franken ein Opfer dieser List. Doch haben weder solche Einrichtungen noch Kampfmaschinen eine wesentliche Rolle bei den kriegerischen Auseinandersetzungen der Völkerwanderungszeit gespielt. Getragen wurden diese vielmehr vom Kampf Mann gegen Mann mit den in der Hand geführten Waffen.

Wie wichtig dem Krieger des frühen Mittelalters seine Waffen waren, zeigen die Befunde in Kindergräbern. So enthielt das Knabengrab des frühen 6. Jahrhunderts unter dem Kölner Dom eine komplette Waffenausstattung bestehend aus Helm, Schild und Sax, die in ihrer Größe dem Kind angepaßt waren, sowie Spatha, Ango, Lanze, Franziska und Pfeile in Erwachsenengröße. Bereits für diesen Knaben der fränkischen Oberschicht war eine einsatzbereite Bewaffnung notwendig, um seine hohe gesellschaftliche Stellung innerhalb seiner Umwelt zu dokumentieren. Waffen waren also für ihren Träger ebenso alltägliche Notwendigkeit, wie sie für ihn zugleich als Statussymbol dienten.

KUNST UND GOLDREICHTUM

Bei den germanischen Stämmen der Völkerwanderungszeit hat ohne Zweifel eine Art Goldrausch geherrscht. Die Faszination des durch Lohn, Tribute, Lösegelder und Plünderungen gewonnenen glänzenden Goldes muß sehr groß gewesen sein. Es wurde gehortet in wertvollen Schätzen oder aber eingeschmolzen und zur Herstellung von Objekten benutzt, die der eigenen Formensprache Ausdruck verliehen. In der einen oder anderen Form hat dieses Gold in den Bodenfunden über ganz Europa seinen Niederschlag gefunden. Nicht zu Unrecht hat das frühe Mittelalter deshalb auch die Bezeichnung »Goldzeitalter« erhalten.

Die Goldschätze sind ein typischer Ausdruck für Notzeiten. Sie sind versteckt worden, um von ihren Besitzern nach Vorüberziehen der Gefahr wieder gehoben zu werden. Damit ist jeder einzelne dieser Edelmetallhorte ein Beispiel für ein tragisches Schicksal, denn der jeweilige Besitzer ist nicht mehr dazu in der Lage gewesen, sein Eigentum wieder an sich zu nehmen. Vermutlich ist ihm die drohende Gefahr, die der Anlaß zur Niederlegung war, zum Verhängnis geworden. In der Regel wird es sich bei den Schätzen um den ehemaligen Besitz einzelner Personen gehandelt haben. In einigen Fällen machen Umfang und Zusammensetzung des Schatzes es jedoch wahrscheinlich, daß er einer Gemeinschaft oder ihrem Repräsentanten gehört hat. Zu diesen ist der Schatz von Pietroassa zu zählen. Fig. 25

Das Dorf Pietroassa liegt am Fuß des Istritzabergs östlich von Mizil in Rumänien. Von zwei Bauern wurde hier im Jahre 1837 ein großer Goldschatz gefunden. An den Gegenständen soll schwarze Erde gehaftet haben. Das läßt darauf schließen, daß sie ehemals in einem Behälter aus organischem Material untergebracht waren. Viele Stücke wurden von einem Bauunternehmer aufgekauft, der sie zerhackte,

Fig. 25: Die wesentlichen, erhaltenen Teile des Schatzfundes von Pietroassa in Rumänien. Vorn die beiden bewahrten Bruchstücke des massiven goldenen Halsringes mit Runeninschrift.

um sie besser transportieren zu können. Dabei fielen die meisten Edelsteine und Halbedelsteine heraus, die den Kindern am Ort zum Spielen überlassen wurden.

Von den ursprünglich mindestens 22 Gegenständen des Schatzes konnten lediglich zwölf Stücke gerettet werden; allein diese wogen 18,8 kg. Sie sind entweder aus purem Gold gearbeitet oder aber zusätzlich mit Steinen und farbigen Glaseinlagen verziert. Zu der ersten Gruppe gehören eine Opferschale mit Relieffiguren, eine große Platte, eine hohe Kanne, ein einfacher Halsring sowie ein Halsring mit einer Runeninschrift. Die zweite Gruppe setzt sich zusammen aus einem achteckigen Gefäß mit zoomorphen Henkeln, einem zwölfeckigen ganz ähnlich gearbeiteten Gefäß, einem breiten Halskragen sowie aus vier Fibeln, davon drei in Vogelgestalt. Verschollen sind mit Sicherheit ein einfacher Halsring, ein zweiter Halsring mit Inschrift, weiterer Halsschmuck, zwei mit Steinen verzierte Halsbänder, eine kleine Fibel, eine einfache Opferschale, eine hohe Kanne sowie zwei mit Steinen geschmückte Armbänder. Der Rest-Schatz wurde im Jahre 1875 erneut beschädigt, als er aus der Ausstellung in Bukarest gestohlen und zerkleinert wurde. Vor ihrer endgültigen Zerstörung wurden die Gegenstände jedoch wieder aufgefunden, zum Teil bei dem Dieb selbst, zum Teil bei einem Juwelier, der sie einschmelzen sollte. Zu diesem Zweck hatte er den bewahrten Runenring bereits zerteilt – mitten durch die Inschrift.

Die vier erhaltenen Fibeln waren alle mit Halbedelsteinen (dunkelroten Almandinen) verziert. Die größte der Vogelfibeln, die Prachtfibel des Schatzes, ist 27 cm lang und 15 cm breit. Die anhängenden Ketten ABB. 14
sollen vermutlich eine Verlängerung der Schwanzfedern andeuten. Die beiden etwas kleineren Vogelfibeln bilden ein Paar, das durch eine Kette miteinander verbunden war.

Die beiden vieleckigen Schalen mit den zoomorphen Henkeln sind in durchbrochener Arbeit gefertigt. Die Lücken waren mit durchsichtigen farbigen Steinen ausgefüllt. Sie sind 10,5 bzw. 11 cm hoch.

Das massivste Stück des Schatzes stellt die große Platte mit einem Durchmesser von 56 cm und einem Gewicht von 7,13 kg dar. Sie soll bei der Auffindung den gesamten Schatz bedeckt haben.

Die stark beschädigte Kanne war ursprünglich 36 cm hoch und mit eingeritzter und getriebener, in Zonen gegliederter Dekoration versehen.

Als einziger Gegenstand des Schatzes ist die große Opferschale mit 7,5 cm Höhe und 25,7 cm Durchmesser kaum beschädigt worden. Auf ihr sind kreisförmig 16 Figuren angeordnet, die jedoch weder durch eine gemeinsame Handlung noch durch eine bestimmte Reihenfolge miteinander verbunden sind. Die Themen scheinen sich auf die germanische Mythologie zu beziehen. Vermutlich handelt es sich um Gottheiten mit Gefolge, die sich um die Göttin Mutter Erde versammelt haben, die in der Gefäßmitte gesondert dargestellt ist. Allerdings sind die Figuren in Form der griechisch-römischen Kunst wiedergegeben, da dem Goldschmied keine germanischen Vorlagen zur Verfügung standen und er die Götter nach den Typen der klassischen Welt gestaltete.

Der 20 × 15 cm große, breite ovale Halskragen ist aus zwei ungleichen Teilen zusammengesetzt, die durch Scharniere geschlossen werden konnten. Der größere Teil ist kegelstumpfförmig geneigt, um sich besser der Halsform des Trägers anzufügen. Der einfache Halsring besteht nur aus einem etwa 5 mm starken gebogenen Golddraht mit einem Verschluß aus Haken und Öse.

Für die Deutung des gesamten Schatzes ist der bewahrte Runenring besonders wichtig zu nehmen. Der massive Ring mit etwa 16 cm Durchmesser trägt dem Verschluß gegenüber sichtbar auf der Außenseite in gotischer Sprache die Inschrift »gutani o (þal) wi (h) hailag«. Das heißt in der Übersetzung etwa »der Goten Besitz, geweiht (und) unverletzlich«. Diese Inschrift gehört zu den wenigen überlieferten gotischen Sprachdenkmälern. Ihr Inhalt bezieht sich entweder

Abb. 17: Scheibenfibel mit cabouchongefaßten Steinen (in der Mitte eine augusteische Kamee mit Medusenhaupt) und Filigranverzierung des 7. Jahrhunderts von Mölsheim, Hessen. Durchmesser 8,5 cm.

Abb. 18: Goldene Patene des 6. Jahrhunderts aus dem Schatz von Gourdon, Frankreich, mit plangeschliffenen Almandinen in Cloisonnétechnik. Länge 20 cm.

18

20

Fig. 26: Die beiden erhaltenen Teile des goldenen Runenringes von Pietroassa mit der Inschrift gutani o wi hailag. Stärke des Ringes 1,3 cm.

auf den Ring und bezeichnet diesen damit als Besitz eines Goden, d.h. eines Mannes mit Priesterfunktion, oder aber er gilt für den ganzen Schatz und gibt diesen folglich als Besitz der Goten zu erkennen. Bei der Größe des Ringes könnte es sich um einen Halsring als Symbol der Königswürde handeln. Da die einzelnen Stücke des Schatzes auf eine Niederlegungszeit in der zweiten Hälfte des 4. Jahrhunderts verweisen, ist er vermutlich mit dem Westgotenkönig Athanarich in Verbindung zu bringen. Dieser dürfte ihn im Jahre 376 oder 380 n. Chr. während seines Rückzuges vor den Hunnen am Berg Istritza vergraben haben, nachdem er zuvor die Inschrift hatte anbringen lassen. Da der Schatz sich aus besonders wertvollen und einzigartigen

Abb. 19: Goldene Bügelfibel von Skodborg, Dänemark, mit Filigranverzierung, plangeschliffenen Almandinen, grünem Glasfluß und sieben Cabouchonfassungen für heute verschollene Steine. Länge 9,6 cm.

Abb. 20: Eiserne Schnalle des 7. Jahrhunderts mit Silbertauschierung aus Romanel, Schweiz.

Stücken zusammensetzt, von denen viele typisch germanisch geprägt sind, und da die Inschrift einen einwandfreien ethnischen Hinweis liefert, wird er sicher zu Recht als Königsschatz angesprochen.
Zeichnen sich vor allem die Schätze der Völkerwanderungszeit – auch die kleineren, die als Besitz von Privatpersonen aufgefaßt werden dürfen – nicht nur durch ihren Edelmetallwert, sondern auch durch die kunsthandwerkliche Verarbeitung der in ihnen enthaltenen Gegenstände aus, so gilt das vielfach auch für einzelne Stücke oder Schmuckgarnituren aus Gräbern. Sie alle erweisen den germanischen Goldschmied des frühen Mittelalters als einen hochqualifizierten Handwerker, der zum einen die verschiedensten Verarbeitungstechniken bis zur Vollendung beherrschte, zum anderen aber auch dazu in der Lage war, fremde Anregungen schnell und geschickt in die eigene Formensprache umzusetzen und weiterzuführen.
Von Kunst im engeren Sinne für die Völkerwanderungszeit zu sprechen, ist kaum möglich. Die verhältnismäßig wenigen überlieferten Bilddenkmäler sollen weiter unten in Verbindung mit der Schrift berücksichtigt werden. Der bei weitem überwiegende Teil der Zeugnisse gehört dem Bereich des Kunsthandwerks an, d.h. es handelt sich um verzierte Gebrauchsgegenstände, deren Ausschmückung zwar oft sehr kunstvoll erfolgt ist, die aber dadurch noch nicht der bildenden Kunst zuzuweisen sind. Erhalten sind davon fast nur die Metallarbeiten, während uns der Zugang zu Werken aus Holz, Stoff und Leder fast gänzlich verschlossen bleibt. Die Metallobjekte stellen aber nur Werke der Kleinkunst dar. Da städtische Siedlungen mit überregionaler Ausstrahlung fehlten, sind in der Kleinkunst allenthalben lokale Eigenheiten zu beobachten. Eine eigentliche Monumentalkunst ist lediglich vereinzelt in Ansätzen zu spüren; Architektur, Malerei und teilweise auch Skulptur ließen trotz vorhandener römischer Vorbilder noch lange auf sich warten.
Die germanische Kunst ist zum einen durch römisches, zum anderen durch christliches Gedankengut stark geprägt. Bis in die ausgehende

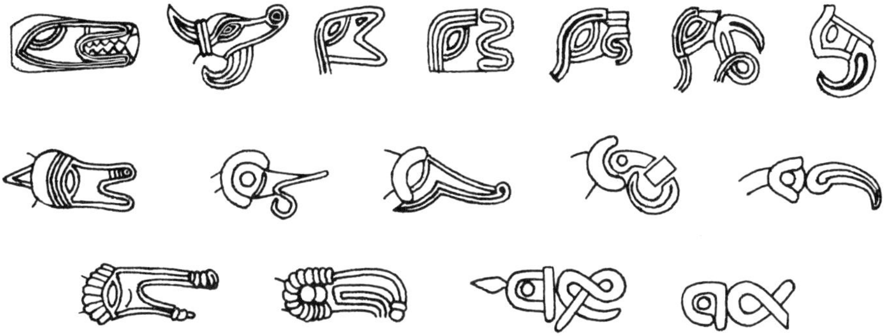

Fig. 27: Oben Gestaltungsmöglichkeiten von Köpfen im germanischen Tierstil I. Unten filigranverziertes goldenes Mundblech mit Analysenzeichnung der Tierfigur.

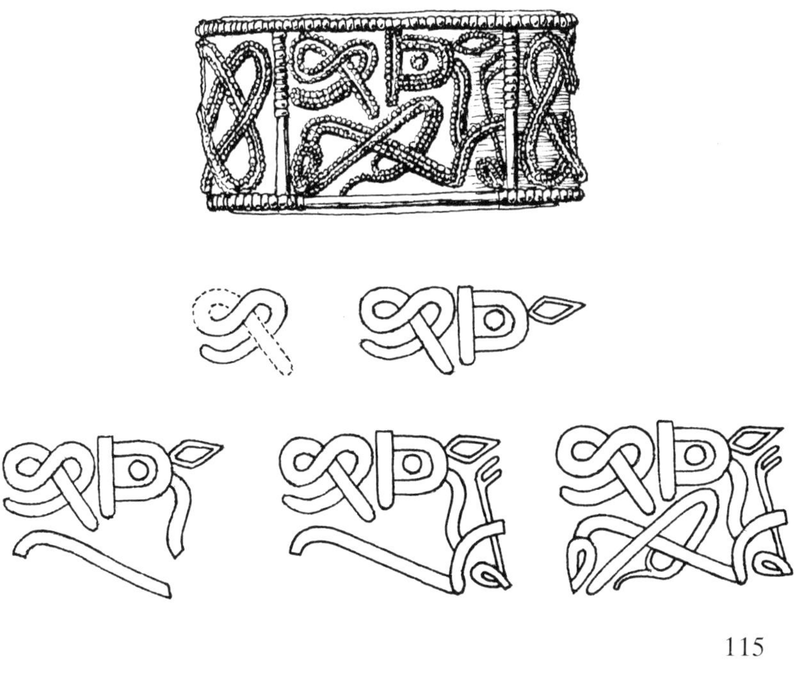

heidnische Zeit, d.h. bis an die Wende vom ersten zum zweiten nachchristlichen Jahrtausend, sind noch entsprechende Momente zu beobachten. Doch wird auch schon seit dem 5. Jahrhundert eine gewisse Eigenständigkeit deutlich, vor allem durch den Beginn der für das frühe Mittelalter so charakteristischen Tierornamentik.

Im südlichen Skandinavien und an der Nordseeküste erscheinen im 5. Jahrhundert erstmals kleine Tierfiguren als Randverzierung auf Fibeln, die in ihrer äußeren Form auf römische Konzeption zurückgehen. Das Tier in annähernd naturalistischer Darstellungsweise hat aber keinen nennenswerten Eingang in den einheimischen Motivschatz gefunden. Zu Beginn des Tierstils I, der das ausgehende 5. und das 6. Jahrhundert kennzeichnet, begegnen in untergeordneter Position kleine, kauernde vierbeinige Tiere, die vorwärts oder auch rückwärts blicken. Allmählich ist eine beginnende Abstrahierung zu beobachten durch die Betonung von Details, wie etwa des Tierkopfes, der Schenkelansätze oder der Füße. Das führte schließlich dazu, daß oft nur noch diese markanten Körperteile wiedergegeben wurden und damit also eine Zerlegung der Tierfiguren in einzelne Elemente erfolgte, um Flächen besser ausfüllen zu können. Gegen Ende dieser Stilphase ist vielfach nur noch ein flächendeckendes Gewirr von Gliedern und anderen Körperteilen zu erkennen, die voneinander losgelöst sind. Hier hat eine bewußte Verfremdung stattgefunden, die es wohl nicht nur dem heutigen, sondern auch den meisten zeitgenössischen Betrachtern erschwerte, den Bildinhalt zu entwirren. Gleichzeitig mit diesen aufgelösten Tierleibern werden aber auch vollständige Figuren abgebildet.

Fig. 27

Abb. 21: Goldenes Mundblech von Oure, Dänemark, dessen Maskenmotiv durch Filigrandrähte und Granulationskügelchen besonders plastisch betont ist. Länge 5,6 cm.

Abb. 22: Filigranverzierter, dreirippiger Goldhalskragen von Ålleberg, Schweden, aus dem 6. Jahrhundert. Durchmesser 20,5 cm.

21

22

23

24

Der Tierstil II, der das 7. Jahrhundert bestimmt, ist eine unmittelbare Weiterentwicklung aus dem Stil I, u. a. angereichert durch die Aufnahme des Flechtbandmotives und langer bandförmiger Tierkörper. ABB. 15
Das Tier oder Teile von Tieren dienten aber nicht nur als Motiv für eine geradezu ornamental anmutende flächendeckende Verzierungsweise, auch ganze Objekte, wie z. B. manche Fibeln, erhielten die äußere Form eines Tieres. Dabei dominieren die sogenannten Vogelfibeln, die in der Regel wegen ihres stark gekrümmten Schnabels als Raubvögel zu bestimmen sind. Fig. 15, ABB. 6 Schließlich seien in diesem Zusammenhang noch die sehr selten auftretenden Tierfiguren innerhalb szenischer Darstellungen genannt, wie sie auf den weiter unten zu behandelnden Goldhörnern von Gallehus begegnen.
Wie es aber bereits die Tierstile I und II zeigen, waren nicht die szenischen Darstellungen, sondern das Ornament in den verschiedensten Variationen das bevorzugte Feld im kunsthandwerklichen Schaffen der Völkerwanderungszeit. Diese Ornamente wurden sowohl einfarbig goldglänzend als auch vielfarbig angelegt.
Die Polychromie ist vorwiegend bewirkt worden durch die Verwendung von farbigen Steinen. Seit der Zeit um 400 n. Chr. tauchen in Mitteleuropa Schmuckstücke und Waffenteile auf, die mit dunkelroten Almandinen verziert sind. Indirekt bewirkt durch die von dem Hunnensturm westwärts gerichtete Bewegung ganzer Völkerstämme, ist diese Verzierungsweise, die unter den Germanen erstmals von den Goten aufgenommen wurde, aus dem iranischen Bereich in den mitteleuropäischen Raum vermittelt worden. Hier hat sie schnelle Ver-

Abb. 23: Oberer Teil einer mit Goldblech belegten bronzenen Bügelfibel von Kitnaes in Dänemark. Die Filigranverzierung wird ergänzt durch cabouchongefaßte weiße und grüne Glassteine sowie durch Almandine. Breite 5,6 cm.

Abb. 24: Scheibenfibel von Kingston, England. Prunkfibel mit farbigen Steineinlagen und Filigranverzierung. Durchmesser 8,4 cm. 7. Jahrhundert.

breitung gefunden. Neben dem Halbedelstein Almandin sind, in
allerdings wesentlich geringerem Umfang, auch andere Steine und
farbige Glasstücke benutzt worden. Besonders beliebt war die Fas-
ABB. 16 sung der Steine in der sogenannten Cloisonnétechnik, die auch als Zel-
lenverglasung bezeichnet wird. Für diese wurden – meist in einem
ABB. 6 geometrischen Muster – schmale Metallstege auf einer Unterlage
aufgelötet. In die freigebliebenen Zwischenräume wurden plange-
schliffene Almandine gefügt, oft von einem geriefelten Goldblech
unterlegt, um das auffallende Licht stärker zu reflektieren. In nahezu
ganz Europa ist diese Art der Ausschmückung im 5. Jahrhundert
vorherrschend gewesen. Mit einer erstaunlichen Präzision muß sie
von zahllosen Kunsthandwerkern gehandhabt worden sein.

Neben diese so ebenmäßig wirkende Zellenverglasung ist schon bald
ABB. 17 eine andere Art der Steinfassung getreten: die Cabouchontechnik.
Sie wurde seit der fortgeschrittenen Merowingerzeit bis in das hohe
Mittelalter – etwa auf Buchdeckeln und Reliquiaren – mit besonderer
Vorliebe ausgeübt. Hierbei wurden die Steine in einzeln aufgesetzten
Fassungen aus umgebogenem Blech gehalten, so daß eine plastische
Wirkung erzielt werden konnte. Im Gegensatz zur Cloisonnéverzie-
rung sind dabei die Steine nicht flächendeckend dicht nebeneinan-
dergelegt worden, sondern einzeln mit absichtlich andersartig ver-
zierten Zwischenräumen plaziert.

Der polychrome Stil der Völkerwanderungszeit, der auch sehr schnell
ABB. 18 in der sakralen Kleinkunst Eingang fand, ist fast ausschließlich durch
ABB. 19 die farbigen Steineinlagen oder -auflagen bestimmt. Ob darüber hin-
aus auch Farbanstriche benutzt worden sind, ist unbekannt, doch sehr
wahrscheinlich, da die Einfärbung von organischen Materialien be-
reits in der voraufgehenden römischen Kaiserzeit belegt ist. Schließ-
lich wäre hierbei noch die Emailleverzierung in Erwägung zu ziehen.
Emaille ist eine glasartige Masse, die in der Regel aus Feldspat,
Quarz, Borax, Soda und Salpeter besteht, die aber auch in anderen
Varianten der Zusammensetzung bekannt ist. Sie ist leicht mit Hilfe

von Metalloxyden einzufärben und wegen ihres geringen Schmelzpunktes, bei dem sie an ihrer Unterlage auf Dauer festschmilzt, einfach zu verarbeiten. Um so erstaunlicher ist es, daß Emaille im Kunsthandwerk der Völkerwanderungszeit überhaupt keine Rolle gespielt hat. Zwar gab es im provinzialrömischen Gebiet zahlreiche Werkstätten, in denen z.B. Schmuckstücke emailliert worden sind, doch ist von diesen keine Wirkung auf die germanischen kunsthandwerklichen Produktionszentren ausgegangen. Die Emailleverzierung sollte erst in karolingischer Zeit wieder an Bedeutung gewinnen.

Wenn auch nicht Polychromie in weiterem Sinne, so ist doch eine abgestufte Kontrastwirkung in den Farbtönen durch zwei andere Verzierungstechniken erzielt worden: durch das Niellieren und das Tauschieren.

Bereits die Bezeichnung Niello, herzuleiten aus dem Mittellateinischen opus nigellum = schwarze Farbe, zeigt, daß es sich dabei um eine dunkle Einlage auf hellem Grund handelt; meistens besteht der Untergrund im frühen Mittelalter aus Silber, später auch aus Zinn. ABB. 26
Das Muster, in das die Niellomasse eingebracht werden sollte, mußte zuvor in den Untergrund eingraviert oder auf andere Weise eingetieft worden sein. Das Niello selbst kann sehr unterschiedlich zusammengesetzt sein. Plinius der Ältere berichtet, daß es zu gleichen Teilen aus Silber, Schwefel und Kupfer bestehen müsse. Ein ägyptischer Papyrus des 3. nachchristlichen Jahrhunderts nennt Blei, Silber und Schwefel als Bestandteile, und ein Lehrbuch des hohen Mittelalters empfiehlt eine Mischung aus Quecksilber, Blei, Kupfer und Schwefel. Eine Niellierung ist besonders auf Fibeln, zum Teil aber auch auf Waffenbestandteilen vorgenommen worden.

Überwiegend auf Waffen und ihrem unmittelbaren Zubehör hat dagegen die Tauschierung Anwendung gefunden, die besonders intensiv im alamannischen Siedlungsgebiet ausgeübt wurde. Heute wird Tauschierung verstanden als eine Verzierungsweise, bei der zwei Metalle einander ergänzen, indem das eine in das andere eingebracht wird. Es ist im strengen modernen Sinne keine Auflagetechnik, sondern eine Einlagetechnik. Zuerst müssen Rillen ausgehoben werden, in die das Ziermetall eingehämmert wird. Normalerweise wird weiches Silber in den harten eisernen Untergrund eingetrieben. Riemengarnituren, Waffen und Schmuckstücke sind so verziert worden. Als Untergrund diente in der Regel Eisen, als Ziermetall Silber, wesentlich seltener Gold, Zinn und Kupfer. Tauschierung findet sich entsprechend in dieser Zeit auf Schwertern, Speerspitzen, Fibeln, Schnallen und Beschlägen. Oft sind mehrere Gegenstände an Hand übereinstimmender tauschierter Ausschmückung als zusammengehörige Garnituren zu bestimmen.

Meisterhaft beherrscht wurde in der Völkerwanderungszeit auch die
ABB. 21 Kunst, mit Filigran und Granulation zu verzieren. Dafür wurden aus Gold und Silber kleinste Kügelchen – gewonnen durch Schmelzen in Kohlenstaub oder Tropfen in kaltes Wasser –, beziehungsweise feine, oft in sich gemusterte Drähte benutzt. Um eine möglichst plastische Wirkung zu erzielen, galt es, die Kügelchen und Drähte ohne ein verwischendes Bindemittel wie etwa ein Lot auf einer Unterlage aus Edelmetall zu befestigen. Zu diesem Zwecke wurde das Auflagematerial erst in Kohlenstaub erhitzt. Dadurch ergab sich für die äußere Schicht der Drähte und Kugeln ein Schmelzpunkt, der bei etwa 900° C lag, während für das Schmelzen des Kernes 1064° C benötigt wurden. Bei einer Erhitzung auf 900° C schmolzen die Zierelemente auf ihrer Unterlage fest, ohne zu zerlaufen. Nur von weniger geschickten Goldschmieden ist ein Lot verwendet worden. Es handelt sich dann in der Regel um ein Hartlot aus 15 % Silber und 85 % Gold.

Abb. 25: Gegossene bronzene Bügelfibel des 6. Jahrhunderts von Barrington, England, in Kerbschnittmanier mit starken Resten der Feuervergoldung.

Abb. 26: Silbernes Ortband (unterer Schwertscheidenabschluß) des 5. Jahrhunderts aus dem Moorfund von Nydam, Dänemark, in Kerbschnittmanier mit Niello. Länge 16 cm.

25

26

27

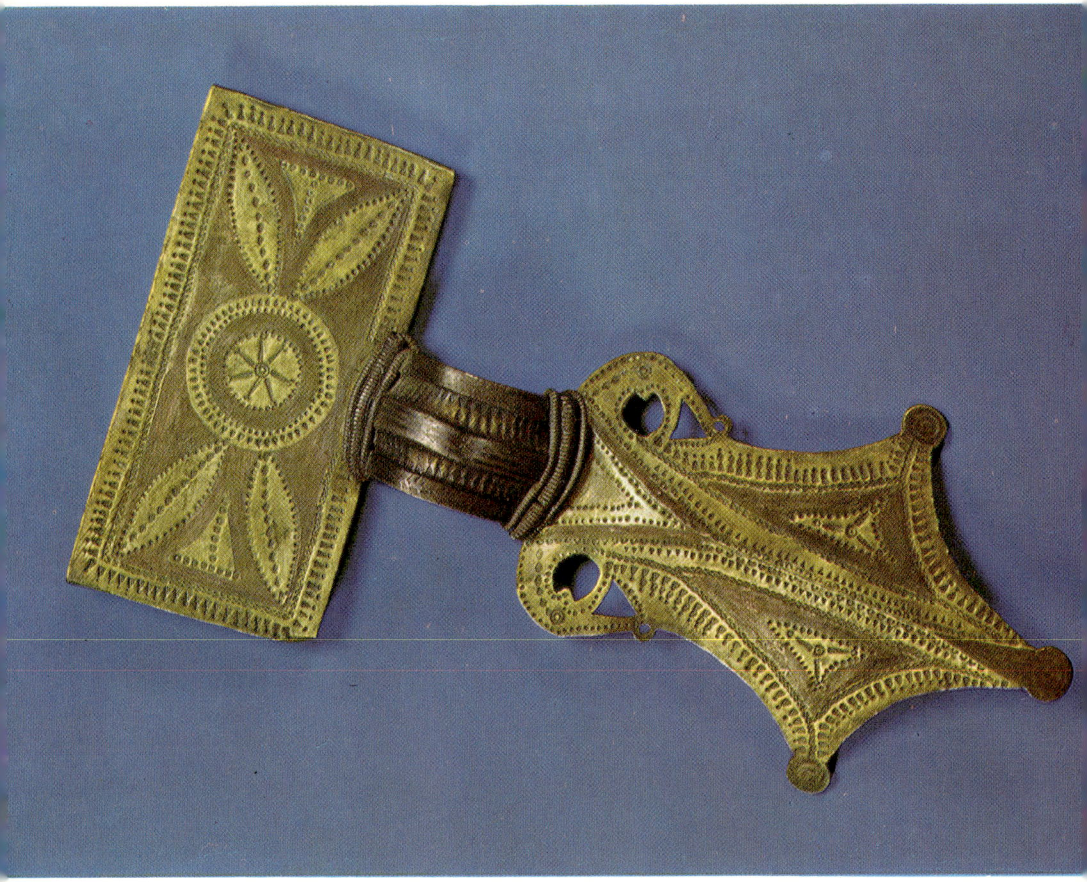

28

Die Kunst des Granulierens und des Filigranierens fand über provinzialrömische Werkstätten Eingang in die germanische Welt. Der Höhepunkt wurde bereits im 5. und im beginnenden 6. Jahrhundert erreicht. Prachtbeispiele stellen die mehrrippigen schwedischen Gold- ABB. 22
halskragen dar. Nur selten ist diese Verzierungsart flächendeckend Fig. 28
angewandt worden. Meistens begegnet sie in Verbindung mit anderen Techniken, insbesondere mit gefaßten Steinen. ABB. 23, 24

Eine Oberflächenveränderung ist schließlich noch durch die Vergoldung von Bronze- und Silbergegenständen vorgenommen worden. Das Vergolden ist nicht nur innerhalb der Schmuckproduktion belegt, sondern auch bei Kupfermünzen und Barren, die auf diese Weise gefälscht worden sind. Betrieben wurden sowohl die Blattver- ABB. 23
goldung als auch die Feuervergoldung. Die Auflage von Goldblech, das zwischen Lederschichten hauchdünn ausgehämmert worden ist, eignete sich wohl besonders für den Betrug, da es mit dem Probierstein nicht auf Anhieb durchzuschleifen war. Im Kunsthandwerk wurde dagegen die Feuervergoldung in zwei Varianten bevorzugt. ABB. 25
Entweder konnte eine Gold-Blei-Mischung pulverförmig aufgetragen und erhitzt werden, wobei das Blei als Oxyd verflog und nur eine feine Goldschicht zurückblieb, oder es wurde Goldamalgan benutzt: geschmolzenes Gold wurde dabei mit der achtfachen Menge Quecksilber verrührt und nach schnellem Abkühlen geknetet, bis das überflüssige Quecksilber ausschied. Es verblieben etwa 33 % Gold und 67 % Quecksilber. Diese zähe Masse wurde auf das zu vergoldende Objekt aufgetragen; beim anschließenden Erhitzen verflog

Abb. 27: Goldene, als Preßblech gearbeitete Scheibenfibel (sog. Reiterfibel) des 7. Jahrhunderts aus Pliezhausen.

Abb. 28: Silberne Bügelfibel mit geometrischer Stempelornamentik aus Kvarmlöse, Dänemark.

Fig. 28: Detail des siebenrippigen, filigranverzierten Goldhalskragens von Möne, Schweden, aus dem 6. Jahrhundert. Durchmesser 23 cm.

das Quecksilber, und es verblieb eine dünne gleichmäßige Goldschicht.

Basieren die bisher geschilderten Techniken der völkerwanderungszeitlichen Goldschmiede auf der jeweiligen Kombination einer metallenen Basis mit einem zusätzlichen Material, so gab es darüber hinaus auch noch Verfahren, die Struktur der zu verzierenden Oberfläche selbst zu verändern.

Besonders beliebt war der Kerbschnitt, der schon im 4. Jahrhundert

in den östlichen und westlichen Provinzen des Römischen Reiches sehr populär gewesen ist. Er hat in der germanischen Welt eine schnelle und weite Verbreitung gefunden, sowohl auf Holz als auch vor allem auf Metallobjekten. Das tief und scharfkantig in die Guß- ABB. 25
form eingeschnittene Muster erscheint mit sehr plastischer Wirkung auf den Fertigprodukten. Dabei gibt es keine Einteilung in Grund ABB. 26
und Muster, keine glatten und ruhigen Flächen. Es ist im Gegenteil eine flächendeckende Verzierungsart mit messerscharfen Kanten, mit Höhen und Tiefen in rhythmischem Wechsel, der ein Spiel von Licht und Schatten auf Bronze, Silber und Gold bewirkt. Fig. 29

Auf manchen größeren Gegenständen, wie z. B. auf den Spangenhelmen, finden sich eingravierte und eingepunzte Ornamente, die mit Hilfe besonders gehärteter eiserner Punzen und Stichel angebracht worden sind.

Solche Verzierungen begegnen allerdings ebenso selten wie Preß- ABB. 27
blecharbeiten, die als Auflagen schon auf Beschlägen der römischen Kaiserzeit vereinzelt vorkommen. Ihre Motive sind auf einem Model aus dünnem Gold- und Silberblech herausgedrückt worden. Nur bei den Langobarden Norditaliens und in Südwestdeutschland sind in dieser Technik gearbeitete Erzeugnisse, z. B. Goldblattkreuze, in nennenswertem Umfang belegt.

Regional eng begrenzt ist schließlich noch eine letzte Verzierungstechnik: das Einstempeln von Ornamenten. Diese Technik ist im ABB. 28
5. Jahrhundert in Südskandinavien heimisch gewesen.

Bevorzugt waren Sternmotive und einfache geometrische Formen, die sowohl zu Zentralmustern als auch zu Randborten arrangiert wurden.

Sind die überlieferten Erzeugnisse der Kleinkunst des frühen Mittelalters fast vollkommen auf metallene Objekte beschränkt, die darüber hinaus auch nur aus Gräbern und Schätzen vorliegen, so reicht dieser Bestand doch aus, um die Vielfältigkeit künstlerischen Schaffens aufzeigen zu können. Die germanische Kunst der Völkerwanderungszeit ist demnach gekennzeichnet durch Aufnahmebereitschaft für fremde Einflüsse, dennoch aber auch durch ein hohes Maß an Eigenständigkeit, durch schöpferische Freude am handwerklichen Können und manchmal durch eine geradezu skurril anmutende Phantasie.

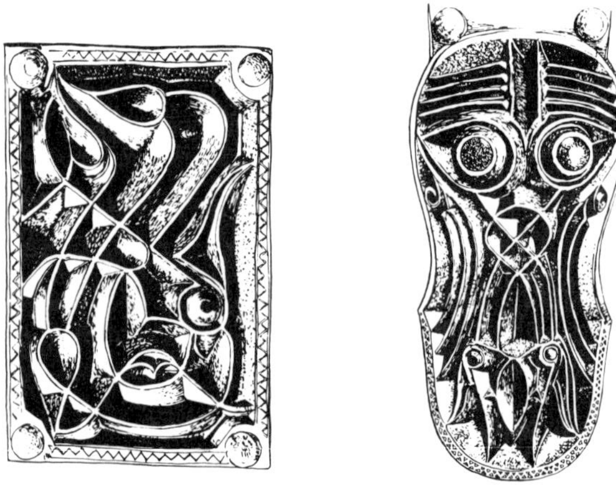

Fig. 29: Vergoldete bronzene Riemenbeschläge des 7. Jahrhunderts mit scharfkantigem Kerbschnitt aus Vendel, Schweden.

BILD UND SCHRIFT

Die Kunst der Völkerwanderungszeit ist weitgehend durch Ornamente geprägt. Überwiegend sind es einfache geometrische Motive, doch gehören sich wiederholende Tierfiguren oder Details von solchen ebenso dazu; vegetabilische Elemente dagegen haben trotz der Möglichkeit einer Übernahme aus den sonst so anregenden spätrömischen Kerbschnittbronzen keinen Eingang gefunden. Menschen in ganzer Gestalt oder nur menschliche Masken finden sich zuweilen in Fig. 30
die Tierornamentik hineinkomponiert.

In der Minderzahl sind dagegen bildliche Darstellungen, sei es in gesonderter oder in szenischer Anordnung, sowie plastische Erzeugnisse. Halbplastische Reliefs sind zwar hier und da zu beobachten, doch eine echte Vollplastik größeren Formates ist aus der Völkerwanderungszeit nur ein einziges Mal überliefert. Es ist eine sehr sorgfältig geschnitzte 43 cm hohe Holzfigur von Rude Eskildstrup, Dänemark, in der Form eines sitzenden bärtigen Mannes. Auf dem Schoß hält die Fig. 31
Figur einen nicht näher bestimmbaren kissenähnlichen Gegenstand; um den Hals trägt sie einen dreirippigen Halskragen, der den filigranverzierten, goldenen mehrrippigen Exemplaren aus Schweden entspricht. Die äußere Gestalt der Figur, die an der Unterseite mit einem Zapfen zum Einsetzen in einen Sockel oder eine andere Basis ausgestattet ist, war nicht durch einen natürlich geformten Baumstamm gegeben, sondern sie ist vollständig von Menschenhand geschaffen und damit als echte Skulptur zu bezeichnen. Vielleicht handelt es sich bei der Figur von Rude Eskildstrup um ein Götterbild, denn solche hat es in dieser Zeit ebenso gegeben wie in den Jahrhunderten zuvor. So berichtet Sozomenos in der ersten Hälfte des 5. Jahrhunderts von den Westgoten, daß Athanarich befohlen habe, ein auf einem Wagen stehendes Götterbild umherzufahren, und bei Gregor von Tours werden

Fig. 30: Bügelfibel von Grönby, Schweden, mit Analysenzeichnung der verfremdeten Menschenfigur, die beiderseits der Fußplatte in das Ornament hineinkomponiert ist.

mehrfach Götter genannt, die er als Gebilde aus Stein, Holz und Erz verstand. Es muß solche Plastiken also in wesentlich größerem Umfang gegeben haben, nur werden sie bereits im Rahmen der christlichen Mission vernichtet worden sein.

Holz hat auch im eigentlichen Kunsthandwerk vielfach Verwendung gefunden. So zeigen ein Tierkopf aus dem dänischen Moorfund von Fig. 32
Vimose ebenso wie vergleichbare frei stehende Kopfplastiken aus der Wurt Hessens und von Oberflacht, wo auch Baumsärge mit geschnitzten plastischen Tierfiguren geschmückt sind, die meisterhafte Handhabung dieses Werkstoffes. Die Erhaltungsbedingungen für Gegenstände aus organischem Material sind jedoch so ungünstig, daß sie nur noch in den seltensten Fällen angetroffen werden. Der Umfang ihres ursprünglichen Vorkommens ist also nicht näher zu bestimmen.

Erstaunlich ist, daß auch metallene Kleinplastiken zu den größten Seltenheiten gehören, obgleich die dafür notwendigen Gußverfahren hinreichend bekannt waren. Als freistehende Figur kann nur eine kleine silberne anthropomorphe Gestalt aus Västergötland in Schweden genannt werden, die einen goldenen Halsring trägt. Dar- Fig. 33
über hinaus haben lediglich zusätzliche Verzierungen an Schmuck- und Gebrauchsgegenständen, etwa in Form von menschlichen Masken, eine mehr oder weniger plastische Ausführung erhalten.

Auch Zeugnisse szenischer Darstellungen sind nur in geringer Anzahl in den Funden vertreten. An erster Stelle stehen hier die beiden reichbebilderten Goldhörner von Gallehus in Dänemark, deren Bild- Fig. 41
inhalt weiter unten besprochen werden soll. Neben eingepunzten Ornamenten und Figuren finden sich hier auch applizierte Tier- und Menschenbilder in einem weich geführten Halbrelief, wie es auch auf manchen südskandinavischen Fibeln vorkommt und in gleicher Weise auf einigen Tongefäßen herausmodelliert wurde.

Bei den Goldhörnern von Gallehus handelt es sich nicht mehr um alltägliche Produkte des Kunsthandwerkes, sondern um besonders

Fig. 31: Sitzende, bärtige Holzfigur von Rude Eskildstrup, Dänemark, mit dreirippigem Halskragen. Höhe 43 cm.

gut ausgeführte Einzelanfertigungen von kunstvoll geschmückten Objekten, deren Verwendung am ehesten in einem Bereich außerhalb des Profanen gelegen haben wird. Hervorragende Zeugnisse der bildenden Kunst haben demnach ebenso wie die Holzfigur von Rude Eskildstrup in erster Linie im Dienst von Kult und Religion gestanden. Nach einer streng ornamentalen und geradezu unfigürlichen frühen Phase sowie nach ersten seltenen Tierdarstellungen in der Zeit um Christi Geburt kennt die germanische Kunst erst seit der jüngeren Kaiserzeit meist in Preßblech gearbeitete stilisierte Tierfiguren, die im wesentlichen wohl als Attributtiere bestimmter Götter aufgefaßt werden dürfen.

Ist die germanische Kunst der Völkerwanderungszeit zwar weitgehend aus den Zeugnissen der metallenen Kleinkunst bekannt, so gibt es dennoch über die vorauszusetzenden heidnischen Götterbilder hinaus noch einige weitere Werke, die in den Bereich der Monumentalkunst verweisen. Es sind fränkische, mitteldeutsche und skandinavische Steinmetzarbeiten, die in den meisten Fällen wohl als Grabsteine oder Gedenksteine errichtet worden sind.

Die fränkischen Grabsteine, von denen nur wenige überliefert sind, werden unter provinzialrömischem Einfluß entstanden sein. Exemplare mit Inschriften gibt es nur innerhalb des früheren Limes. Diese zeigen allerdings, daß der Steinmetz zuweilen des Schreibens unkundig gewesen ist und manchmal nur buchstabenähnliche Zeichen angebracht hat. Nur das Christogramm ist stets richtig wiedergegeben. Die meisten Steine sind im Flachrelief gearbeitet. Ob sie zusätzlich farbig ausgemalt waren, ist unbekannt, doch auf Grund vergleichbarer Denkmälergruppen aus anderen Bereichen durchaus wahrscheinlich.

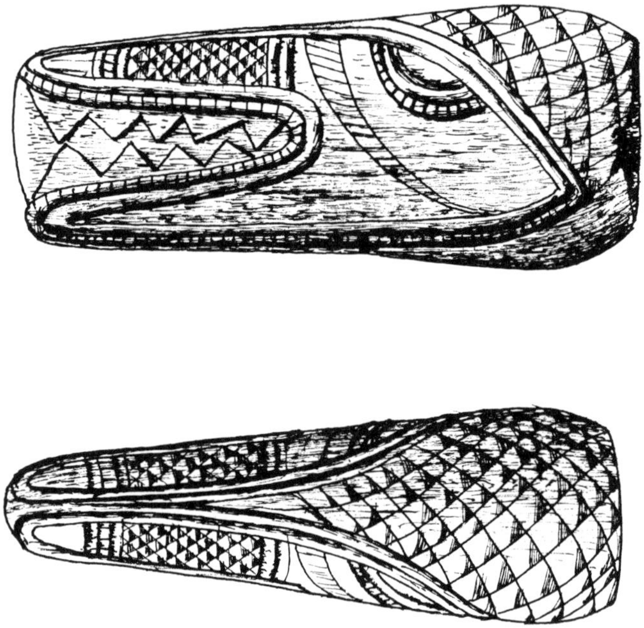

Fig. 32: Seitenansicht und Aufsicht eines aus Holz geschnitzten Tierkopfes im Tierstil I aus dem Opferfund von Vimose, Dänemark. Länge 7,1 cm.

Fig. 34 In seinem Bildinhalt am aufschlußreichsten ist der Stein von Niederdollendorf, der auf einem fränkischen Gräberfeld gestanden hat. Er ist aus hellgrauem lothringischem Kalkstein gehauen. Seine Höhe beträgt 42 cm, die Breite 25 cm und die Tiefe 20 cm; hinzu kommt an der Unterseite ein 10 cm langer runder Zapfen, der zeigt, daß der Stein auf einem Sockel oder in der Erde verankert war. Die rechteckige Kastenform, für die es keine antiken Vorlagen gibt, ist einzigartig. Der allseitig verzierte Stein zeigt oben ein X-förmiges Zeichen, das ihn wohl zumindest als ein christlich beeinflußtes Denkmal zu erkennen geben soll. Die eine Schmalseite ist mit einem geometrischen Treppenornament verziert, die andere zeigt ein Schlangenbild.

Die Rückseite weist das früheste germanische Christusbild auf: eine stehende männliche Figur mit einem strahlenförmigen Nimbus und einer Lanze als Zeichen des mächtigen Himmelskönigs.
Auf der von dem Steinmetzen am besten bearbeiteten Vorderseite ist der Tote, zu dessen Gedenken der Stein aufgeführt worden ist, in

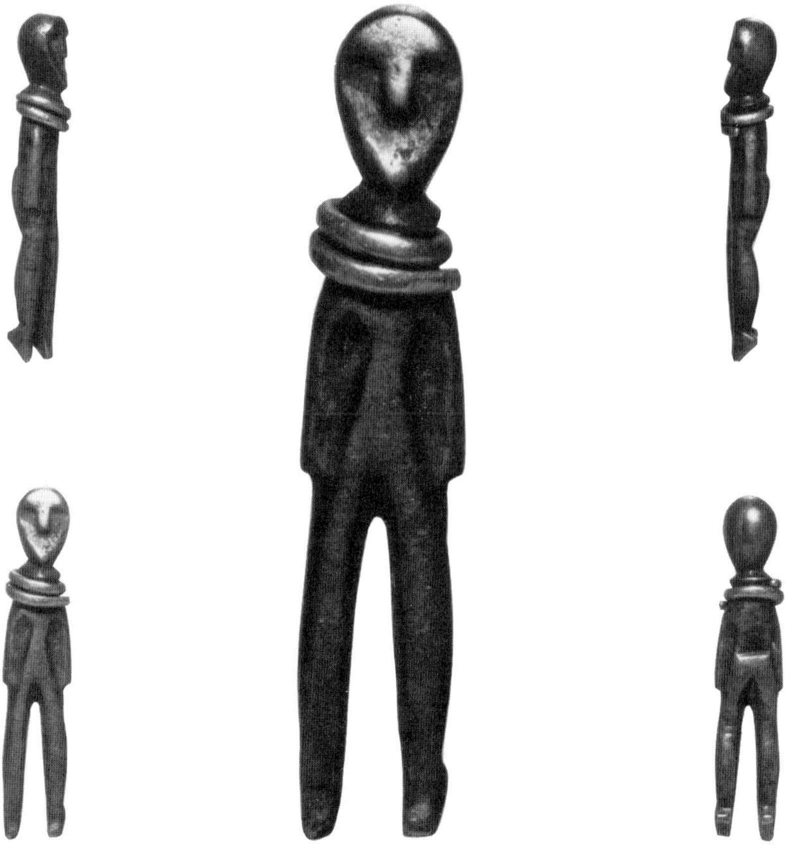

Fig. 33: Silberfigur von Storegården in Västergötland, Schweden, mit goldenem Halsring. Höhe 3,5 cm.

seinem Grab dargestellt, und zwar in betont heidnischer Weise. Er hat Beigaben in Form einer runden Feldflasche mit Henkeln beiderseits des Ausgusses und eines Saxes mitbekommen. Der verhältnismäßig große Sax hat einen sehr langen Griff, um mit beiden Händen als Hiebwaffe geführt werden zu können; Niete, Mündungsbeschlag und ein metallenes Ortband an der Spitze sind auf der Scheide deutlich zu erkennen. Die Bekleidung des bärtigen Toten ist durch wenige Striche angedeutet. Mit der rechten Hand führt er einen Kamm durch das Haar, das auch bei manchen Naturvölkern als der Sitz der Lebenskraft gilt. Mit den Schlangen, die nach germanischem Glauben verwandelte Seelen von Toten sind, soll wohl der Akt der Begrüßung des Verstorbenen im dunklen Reich der Erdentiefe symbolisiert sein. Der Stein von Niederdollendorf ist in das 7. Jahrhundert zu datieren, d. h. er gehört erst dem Ende der Völkerwanderungszeit an. Er zeigt eine eigentümlich anmutende Mischung aus heidnischen und christlichen Motiven.

Diejenigen, die den Stein haben aufstellen lassen beziehungsweise der Tote selbst, können noch keine überzeugten Christen gewesen sein. Nach heidnischer Manier ist hier ein Mann bestattet worden, dem jedoch vorsichtshalber in Bildform auf seinem Grabstein eine christliche Rückversicherung mitgegeben wurde.

Ähnlich deutlich zeigen auch andere Steine den Glaubenszwiespalt, dem die Franken noch in der ausgehenden Völkerwanderungszeit ausgesetzt waren.

So trägt z. B. der auf einem fränkischen Grabstein aus der Kirche St. Paul in Bonn wiedergegebene Tote als Kennzeichen des Christen einen X-förmigen Brustschmuck; zugleich zeugen aber die betont

Fig. 34: Grabstein von Niederdollendorf im Rheinland, der im Flachrelief den Toten im Grab mit Beigaben zeigt. Höhe 42 cm.

Fig. 35: Zwei frühe Bildsteine mit runden Zentralmotiven von der Insel Gotland.

phallische Darstellung und der starke Haarwuchs vom Glauben an eine weiterbestehende Lebenskraft nach dem Tode.
Vor allem im Trierer Raum tragen manche Grabsteine Elemente, die nur auf koptische Anregungen zurückzuführen sind: die Arme des christlichen Kreuzes sind nach außen erweitert, Vögel (wohl Tauben)

sind als Symbol der Seele des Verstorbenen wiedergegeben, und es begegnet sogar das Brustbild eines Mannes, vermutlich eines Priesters, mit einem Buch in den Händen. Die Steinmetze, die diese Grabsteine hergestellt haben, werden kaum selbst in Ägypten gewesen sein und unmittelbar dorther ihre Anregungen bezogen haben. Als Vorbilder müssen ihnen vielmehr Grabsteine auf einem der großen römischen Friedhöfe in der Nähe von Trier gedient haben oder aber Bilder auf palästinensischen Ölampullen, die von Pilgern mitgebracht worden sind. Solche Ampullen aus dem 6. Jahrhundert werden z. B. heute noch im Kirchenschatz von St. Johannes in Monza verwahrt. Auf jeden Fall sind die entsprechenden Steine in dem Gebiet bearbeitet worden, wo sie auch aufgestellt wurden. Das zeigt u. a. deutlich der aus Mayener Basalt gehauene Stein von Moselkern, dessen Material nicht weit vom Fundort ansteht und ihn damit als einheimisches Produkt erweist. Der 80 cm hohe, 44 cm breite und 14 cm tiefe Stein, der als einziges fränkisches Denkmal dieser Art durchbrochen gearbeitet ist, enthält vor allem zwei fremd anmutende Details,

ABB. 29

Fig. 36: Darstellung einer Pferdehatz auf dem Bildstein von Häggeby, Schweden.

wie sie auf koptischen Zeugnissen auftreten: der Kopf des Gekreuzigten ist nicht vor, sondern über dem Kreuz wiedergegeben, und die Hände liegen nicht auf den Kreuzarmen auf, sondern sie ergreifen die Kreuzbalken, so daß die Handrücken dem Beschauer zugewandt sind.

Den wenigen Funden nach zu urteilen, ist der Brauch, verzierte Grabsteine zu errichten, im fränkischen Bereich nicht weit verbreitet gewesen. Die Bestattungsplätze werden in der Regel auf andere Weise an der Erdoberfläche gekennzeichnet gewesen sein – am ehesten durch ein hölzernes Mal.

Auch aus Hornhausen in Sachsen liegen einige bemerkenswerte Steinmetzarbeiten vor, die wahrscheinlich ursprünglich zu ein und derselben Anlage gehört haben. Am besten erhalten ist von diesen
ABB. 30 der sogenannte Reiterstein.

Dieser nicht mehr ganz vollständige, heute noch 78 cm hohe Stein ist im Flachrelief gearbeitet. Die von einer geometrischen Randborte eingefaßte Schauseite ist in drei Felder untergliedert. Aus dem obersten Feld sind nur noch menschliche Füße zu erkennen. Das große Mittelfeld zeigt über einem schmalen Mäanderband einen bärtigen Reiter hoch zu Roß. Über den ganzen Pferderücken hin scheint sich eine gemusterte Satteldecke zu ziehen. Der Reiter ist ausgerüstet mit einem Rundschild, der ein Wirbelmuster zeigt, einem zweischneidigen Schwert auf seiner linken Seite sowie mit einer übermannsgroßen Lanze, deren Spitze an der Tülle abstehende Flügel trägt. Das unterste Feld wird vollständig eingenommen von einer vierköpfigen symmetrisch verwobenen Schlangenfigur, deren gleichartig gestaltete

Abb. 29: Zwei aus Silberblech getriebene Pilgerflaschen des 6. Jahrhunderts im Domschatz von Monza.

Abb. 30: Reiterstein von Hornhausen mit vierköpfiger Schlangenfigur im unteren Feld, einem bewaffneten Reiter im Hauptfeld und menschlichen Füßen im obersten Feld als Reste eines weiteren Bildes. Höhe 78 cm.

29

30

Köpfe jeweils lang ausgezogene Kiefer, eine betonte halbrunde Augeneinfassung sowie ein spitzes Kinn aufweisen. Durch diese Charakteristika des Stils II der Tierornamentik wird der Stein in das ausgehende 6. oder in das 7. Jahrhundert datiert. Der Reiterstein von Hornhausen stellt ohne Zweifel nicht den ersten Versuch eines einheimischen Steinmetzes dar, sondern er ist das Erzeugnis eines perfekt arbeitenden Künstlers.

Von den weiteren Bildsteinen aus Hornhausen sind nur wesentlich kleinere Bruchstücke erhalten. Auf einigen von ihnen, die offensichtlich zusammengehören, ist aber immerhin die Darstellung einer Tierhetze und eines Bandgeflechtes zu sehen.

Wie die vergleichbaren fränkischen Monumente sind auch die Steine von Hornhausen als Grabdenkmäler angesprochen worden, doch zeigt eine neuere Untersuchung, daß sie offenbar im Inneren eines frühchristlichen, wohl hölzernen Kirchenbaues als Schrankenplatten nebeneinander gestanden haben. Trotz eines solchen Zusammenhanges lassen sie jedoch keinerlei christlich betonte Motive erkennen.

Eine kontinentalgermanische Steinmetzkunst ist also in der Völkerwanderungszeit nur aus dem Bereich von Kirche und Grab bekannt. Im Profanbau kann sie bisher nicht belegt werden, doch ist sie dort auch kaum zu erwarten, da es keine Steinarchitektur – weder sakraler noch profaner Prägung – gab. Nur aus ehemals römisch beherrschten Räumen könnten beispielsweise der westgotische sogenannte Königs- Fig. 5
palast von Naranco in Spanien und das Grabmal des Theoderich bei ABB. 3
Ravenna in Italien genannt werden.

Abb. 31: Vier Goldbrakteaten aus dem Schatzfund von Skodborg, Dänemark. Durchmesser des größten Exemplares 3,0 cm.

Abb. 32: Großer Goldbrakteat von Skonager, Dänemark, mit breiter, in mehrere Zonen untergliederter Randborte. Durchmesser 5,8 cm.

Fig. 37: Bildstein von Smiss, Gotland, mit geometrischer Randborte und einer ornamentalen Menschenfigur sowie ebensolchen Tierfiguren im Mittelfeld.

Auch im südlichen Mittelschweden sowie auf der Ostseeinsel Gotland setzt in der Völkerwanderungszeit eine Steinmetzkunst ein, die hier allerdings kontinuierlich bis um die Jahrtausendwende fortgesetzt wurde. Es sind aufrecht stehende Bildsteine – auf Gotland stets Fig. 35 aus dem dort anstehenden, leicht spaltbaren Kalkstein gefertigt –, die als Grab- und Gedenksteine gedient haben. Meist wird die Bildfläche von einer sorgfältig ausgeführten, geometrisch gemusterten Randborte eingefaßt. Das Mittelfeld ist oft mit einem großen zentralen Kreisornament ausgefüllt, zuweilen finden sich aber auch einfache figürliche oder gar szenische Darstellungen wie etwa auf dem Stein von Fig. 36 Häggeby, auf dem mit zwei Pferden, die von bewaffneten Männern angetrieben werden, wohl eine Pferdehatz wiedergegeben sein soll. Stets sind die Abbildungen auf den nordischen Steinen mit nur weni- Fig. 37 gen Strichen oder durch nur ganz schwach ausgehobene Flächen gestaltet worden. Sie werden daher, wie das bei jüngeren Exemplaren nachgewiesen ist, mit verschiedenen Farben kontrastreich ausgemalt gewesen sein. Nicht immer ist die Bedeutung der Bildinhalte auf solchen Steinen zu erfassen. Sie werden oft aus dem für diese frühe Zeit schwer erschließbaren Bereich der Mythologie stammen und ihre Themen damit kultisch-religiösen Ursprungs sein.

In ganz besonderem Maße gilt eine solche Herleitung aber für die zahlreichen Goldbrakteaten der Völkerwanderungszeit. Brakteaten ABB. 31 sind einseitig geprägte runde Goldanhänger des 5. und vor allem des 6. Jahrhunderts, die in Anlehnung an römische Medaillons entstanden sind. Das Mittelfeld, oft eingefaßt von einer breiten, ornamental ABB. 32 verzierten Randborte, zeigt bei den A-Brakteaten ausschließlich ein Kopfbild, bei den nachfolgenden C-Brakteaten ein Kopfbild zusam- Fig. 38 men mit einem vierfüßigen Tier, bei den noch jüngeren B-Brakteaten eine oder mehrere Menschenfiguren und bei den D-Brakteaten schließlich reine Tierornamente. Wie neueste Untersuchungen gezeigt haben, handelt es sich bei diesen Brakteaten ohne Zweifel um eine Art religiöser Urkunden, deren Darstellungen dem weiten Bereich der germanischen Mythologie angehören und in manchen Fällen mit einer um Jahrhunderte jüngeren Schriftüberlieferung in Verbindung gebracht werden können. Die bildlichen Kurzformeln der Brakteaten sind allerdings so schwer zu enträtseln, daß hier noch keine abschließende Deutung und Wertung vorgenommen werden kann. Viele von ihnen tragen zusätzlich kurze Runeninschriften, die sich zum Teil wohl unmittelbar auf das Bildthema beziehen.

Ungefähr gleichzeitig mit dem verstärkten Vorkommen von Bilddenkmälern begegnen die ersten Runenzeugnisse. Keine datierbare Inschrift im Norden und auf dem Kontinent reicht in die Zeit vor 200
Fig. 39 n. Chr. zurück. Die Runenreihe wird als *Futhark* bezeichnet nach dem Lautwert der ersten sechs Zeichen einer häufig auftretenden Zeichenfolge. Mit den Runen wurde eine eigenständige Lautschrift geschaffen, die zum Teil auf südeuropäische Schriften zurückzuführen ist. Sicher aus der nordetruskischen Alphabetgruppe entlehnt sind die Zeichen für u, a, h, s und l; wahrscheinlich desselben Ursprungs sind die Zeichen für k, z (R), t und o. Als Vorbilder für die Zeichen von f, r, b, e und m dienten dagegen lateinische Buchstabenformen. Sowohl lateinischer als auch nordetruskischer Herkunft könnte das Zeichen für das i sein, während die Zeichen für þ, g, w, n, j, p, ng und d bisher nicht ableitbar sind.

Die gemeingermanische Runenreihe der Völkerwanderungszeit setzt sich aus 24 Zeichen zusammen. Weit über 200 Inschriften sind aus dieser Zeit bekannt. Auffällig ist die Bevorzugung senkrechter Linien, während waagerechte Striche und Rundungen offensichtlich weitgehend vermieden wurden. Das könnte dafür sprechen, daß Runen anfangs nur auf Holz eingeritzt wurden, das wegen seiner Maserung eine bestimmte Linienführung nahelegte. Neben ihrem Lautwert haben die einzelnen Zeichen zugleich auch einen sinnvollen Namen und damit einen Bedeutungsinhalt gehabt. So stehen z. B. das Zeichen für f auch für fehu, also Vieh, und das Zeichen þ gleichzeitig für þursiaz, also Thurse, Riese oder Unhold.

Fig. 38: Stark vergrößertes Mittelfeld eines Goldbrakteaten von Gerete, Gotland.

In der Völkerwanderungszeit wurden Runeninschriften eigentlich nie auf standortgebundenen Denkmälern angebracht, sondern fast nur auf beweglichen Gegenständen wie Brakteaten, Fibeln, Schnallen, Pfeilen, Lanzen und Gefäßen. Oft sind die Runen auf den frühesten Schriftträgern verbunden mit runenähnlichen Zeichen und Ornamenten.

Bei Angriffswaffen läßt sich häufig beobachten, daß die Inschriften, die oft nur aus einem einzigen Wort bestehen, eine Art verstärkenden oder anspornenden Charakter haben; sie sollten gewiß deren Durchschlagskraft auf magische Weise beeinflussen. Bei Schmuckstücken sowie vereinzelt auch bei Schutzwaffen sind die ebenfalls stets sehr kurzen Texte dagegen vielfach auf der Rückseite angebracht, d. h. sie sind dem Träger zugewandt und folglich für den Beschauer unsichtbar. Auch hier ist eine Verbindung zum Magischen nicht zu verkennen, allerdings mit umgekehrter Richtung: der Besitzer trachtete sich durch die erhoffte, von der Inschrift ausgehende Wirkung zu schützen.

Alle Runeninschriften der Völkerwanderungszeit sind sehr kurz, d.h. sie bestehen im Höchstfalle aus einigen wenigen Worten. Vielfach ist nur ein einziges Wort, dann oft ein Name aufgezeichnet. Ob damit der Name des Runenmeisters, des herstellenden Handwerkers, eines Schenkers oder des Besitzers gemeint ist, kann nicht mehr geklärt werden.

Die Inschriften können linksläufig oder rechtsläufig sein. Oft sind sie geradezu von einer telegrammartigen Kürze und daher schwer zu deuten, obgleich sie den Zeichen nach lesbar sind. Häufig begegnen schwer zu entziffernde Kurzformeln, und zuweilen ist sogar eine Entstellung zu beobachten, die weniger auf eine Schriftunkundigkeit des Schreibers zurückgeht als vielmehr absichtlich verfremdet erscheint und damit ebenfalls in den undurchdringlichen Bereich des Magischen verweist. Für solche Inschriften wird, wie das aus der späteren Wikingerzeit überliefert ist, der Begriff der Zauberrunen zutreffen.

Die Runenschrift war im frühen Mittelalter sicher nur den wenigsten Personen geläufig. Dafür spricht u. a. die geringe Anzahl der überlieferten Denkmäler. Es wird also gewiß nicht von einer großen Gruppe von Schriftgelehrten in dieser Zeit gesprochen werden können, doch wird der Begriff eines kleinen Kreises von Runenmeistern Gültigkeit für sich beanspruchen dürfen.

Jede neu entdeckte und entschlüsselte Runeninschrift kann die Kenntnis der Sprache ihrer Zeit erweitern. Ganz besonders gilt das für die Völkerwanderungszeit, für die es an umfangreichen zeitgenössischen Schriftdenkmälern fast gänzlich mangelt. So ist beispielsweise die gotische Sprache außer durch die Bibelübersetzung des Ulfila im wesentlichen aus Runeninschriften bekannt, zu denen auch der verhältnismäßig lange Text auf dem Goldring von Pietroassa gehört. Fig. 26

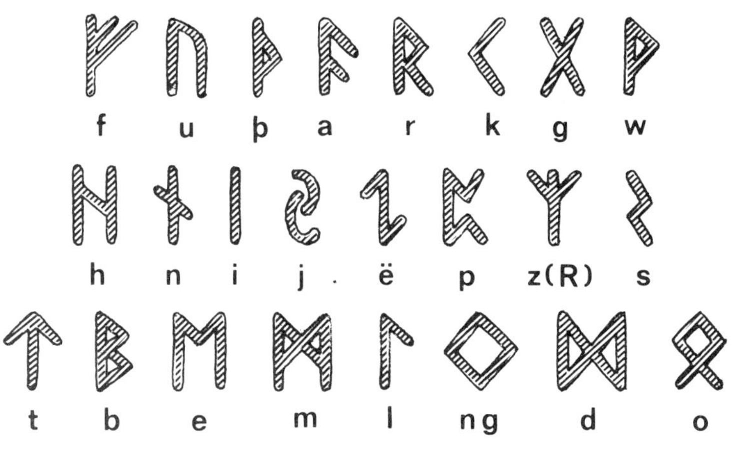

Fig. 39: Die Runenzeichen im älteren Futhark.

Soweit mit Sicherheit erschließbar, sind die Runeninschriften ursprünglich an Kult und Magie gebunden gewesen. Ein Übergang zu echter, auch im profanen Bereich verwendeter Buchstabenschrift ist erst im Verlaufe des 3. und 4. Jahrhunderts zu beobachten – vielleicht angeregt durch römische Besitzerinschriften.

Verblüffend ist das annähernd gleichzeitige Aufkommen von epigraphischer Schrift und einheimischer figürlicher Kunst im germanischen Bereich. Ein unmittelbarer Zusammenhang ist bei dieser parallelen Erscheinung von Bild und Schrift nicht zu übersehen. Beide werden anfangs im Dienst von Kult und Religion gestanden haben.

War das Schreiben von Runen sicherlich nur wenigen Meistern vorbehalten, so ist das vollendete Kunsthandwerk dagegen auf Grund der weiten Verbreitung der Erzeugnisse sicher von zahlreichen Personen beherrscht worden.

Es wird also kaum von einem höfischen Kunsthandwerk gesprochen werden können, wie es für das hohe Mittelalter der Fall ist. Doch wird bei den Fürstensitzen – wie das die osteuropäisch geprägten Zeugnisse aus dem Grab des fränkischen Königs Childerich (dazu siehe unten) nahelegen – an eine Konzentration qualifizierter Kunsthandwerker gedacht werden dürfen, ohne daß sie zugleich schon eine »Schule« ausbildeten. Viele Neuerungen haben erst über die Fürstensitze in das germanische Kunstschaffen Eingang gefunden. Dazu gehören auch Werke von Bild und Schrift.

Abb. 33: Prunkvolle Gürtelgarnitur aus dem Grab der Arnegundis in St. Denis. 2. Hälfte 6. Jahrhundert.

Abb. 34: Männliche Bestattung aus dem Gräberfeld von Selzen, Rheinhessen.

33

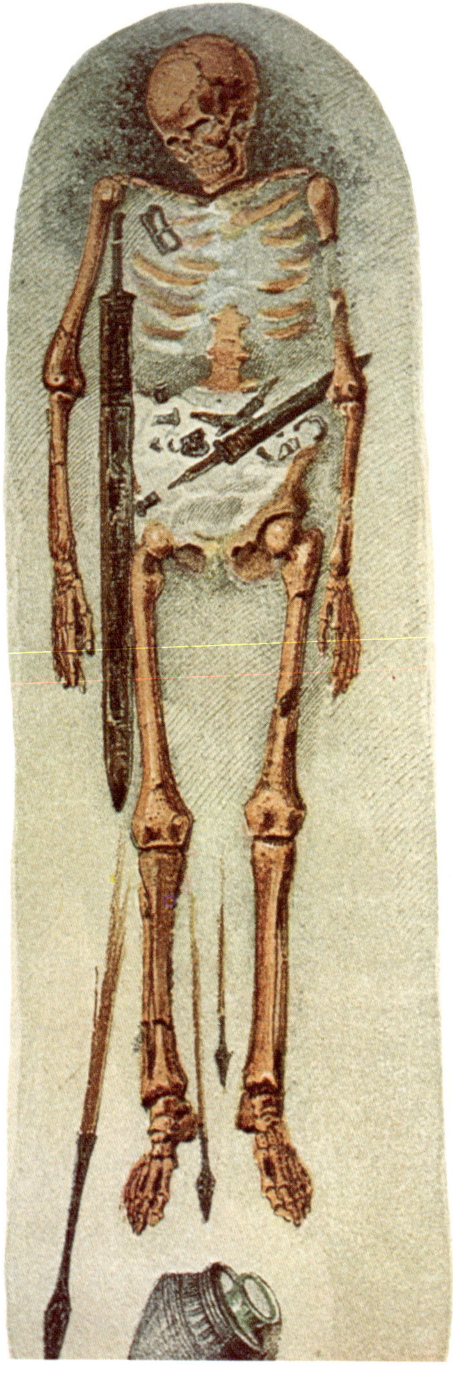

34

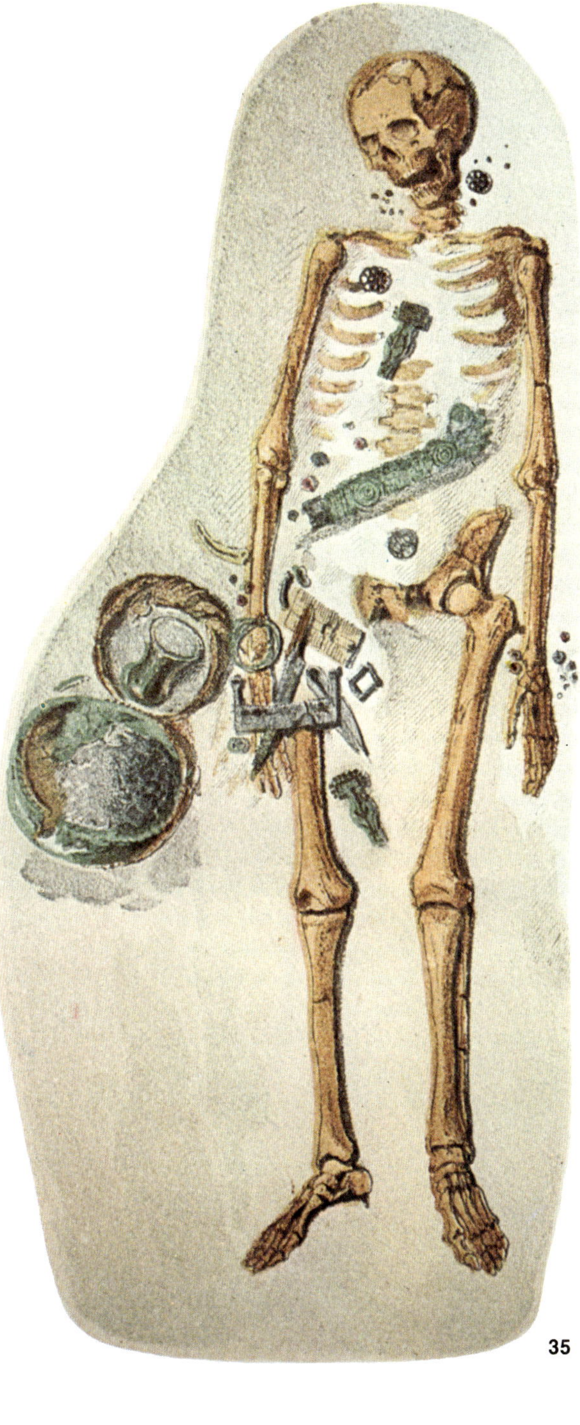

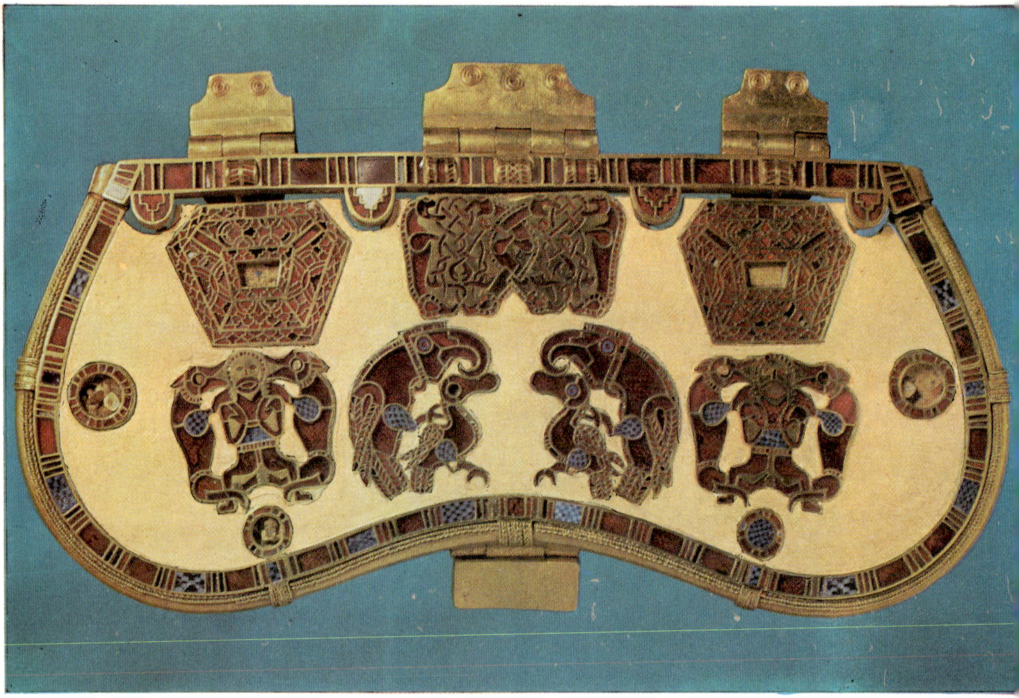

36

RELIGION UND TOD

Um einen Einblick in die religiösen Vorstellungen der germanischen Welt der Völkerwanderungszeit zu erhalten, bietet sich am besten die Betrachtung zweier großer archäologischer Fundgruppen an: der Opfer, die den Ablauf von kultischen Zeremonien erkennen lassen, und der Gräber, aus denen Erkenntnisse über die Jenseitsvorstellungen gewonnen werden können. Weiterhin stehen einige wenige Bilddenkmäler zur Verfügung, deren jeweilige Deutung jedoch stark umstritten ist, sowie Schriftquellen, die allerdings zum allergrößten Teil aus wesentlich späterer Zeit stammen und deren Inhalt folglich nicht ohne weiteres auf die Völkerwanderungszeit übertragen werden kann.

Das reichhaltigste Material bieten die Grabfunde mit ihren vielfältigen Beigaben. Die Gräber wurden fast stets auf gemeinsamen Friedhöfen angelegt, bei denen jedoch wegen der fehlenden Siedlungen nur selten zu bestimmen ist, ob sie zu einem großen Dorf gehört haben oder in der Art späterer Kirchspielfriedhöfe ein weites Einzugsgebiet hatten. Die Toten wurden meistens unverbrannt beigesetzt. Nur im nördlichen Deutschland, in Skandinavien sowie auf den britischen Inseln gab es auch in nennenswertem Umfang den Brauch der Brandbestattung in Urnen oder in Gruben. In Mitteleuropa wurden die Körperbeisetzungen reihenförmig nebeneinander in Särgen

Abb. 35: Weibliche Bestattung aus dem Gräberfeld von Selzen, Rheinhessen.

Abb. 36: Reich verzierte Börse aus dem fürstlichen Schiffsgrab von Sutton Hoo in England. Anfang 7. Jahrhundert.

angelegt. Die Särge selbst waren in der Regel aus Holzbohlen zusammengesetzt; aus Südwestdeutschland sind auch ausgehöhlte Baumsärge überliefert. Nur selten treten dagegen Steinsärge auf. Fig. 40 Hunderte solcher kleineren oder größeren Reihengräberfriedhöfe des 5. bis 7. Jahrhunderts sind von Nordfrankreich bis nach Thüringen und Bayern und von der Rheinmündung bis in das schweizerische Mittelland bekannt. Der Kopf der Bestatteten liegt normalerweise im

Fig. 40: Plan des großen römisch-fränkischen Gräberfeldes von Krefeld-Gellep am Niederrhein.

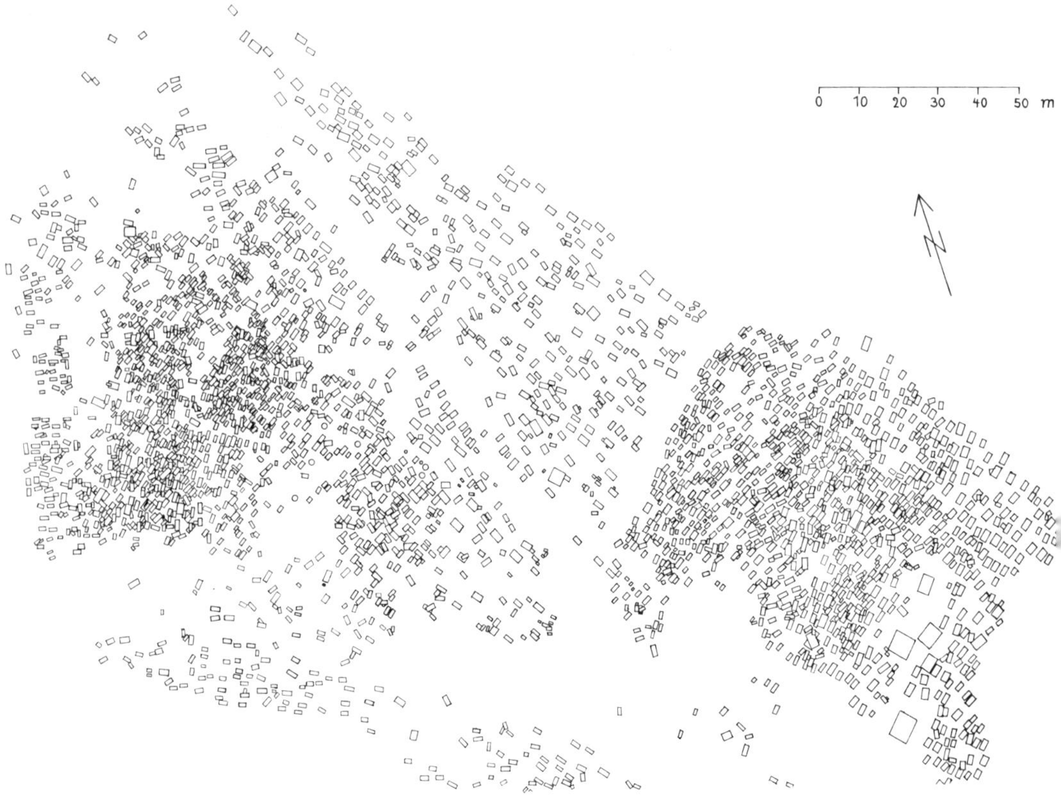

Westen, der Blick ist also nach Osten gerichtet. Nur sehr selten ist über die verhältnismäßig tiefen Grabgruben ein kleiner Grabhügel aufgeschüttet worden.

Die Totenausstattung umfaßt die jeweils unmittelbar zur Person gehörigen Dinge. Auf diese hatte offensichtlich keiner der Hinterbliebenen einen Rechtsanspruch; sie mußten dem einzelnen auch über den Tod hinaus folgen. Beim Mann waren es vor allem die Waffen, ABB. 34
bei der Frau ihr Trachtenschmuck. Viele Dinge des täglichen Ge- ABB. 35
brauches treten in den Gräbern nicht auf, da sie als notwendige Ausrüstung der Toten nicht in Frage kamen. Es fand also im Rahmen des Bestattungsritus eine Selektion statt, gemäß der körpergebundener Besitz sowie einige zusätzliche Beigaben im Sinne von Liebesgaben den Toten mitgegeben wurden. Die niedergestellten Gefäße werden feste und flüssige Speisen für die Reise in das Jenseits enthalten haben.

Zeugt dieser allgemeine Bestattungsbrauch von einer verantwortungsbewußten Fürsorge für die Toten, so beleuchten aber zugleich die zahlreichen Spuren von Grabplünderungen, die auch schon in der zeitgenössischen schriftlichen Überlieferung angeprangert werden, einen erheblichen Mangel an Ehrfurcht. Auf manchen Friedhöfen sind davon bis zu mehr als 80 % der Bestattungen betroffen. Die Ausraubungen müssen jeweils sehr bald nach der Anlage der Gräber erfolgt sein, denn deren Lage war an der Erdoberfläche noch deutlich sichtbar. Das läßt sich den Plünderungsschächten entnehmen, die bei den Frauengräbern stets unmittelbar gezielt auf die Schulterpartien führen, wo der wertvolle Trachtenschmuck lag. Doch sind keineswegs alle Gräber beigabenführend gewesen. Die Menge der beigabenlosen Gräber schwankt zwischen 10 und 50 % je Friedhof.

Seit dem 3. Jahrhundert waren infolge der Grenzkriege viele Germanen freiwillig oder als Gefangene auf provinzialrömischem Reichsgebiet angesiedelt worden. Seit der Mitte des 4. Jahrhunderts begegnen dort nun Gräber, die wegen ihrer Waffen- und Schmuckausstattungen unrömisch wirken. Sie werden wohl die Bestattungsplätze der Föderaten, der Verbündeten, gewesen sein, die sich auch in ihren Beisetzungen betont von der einheimischen Bevölkerung abzusetzen trachteten. Im beginnenden 5. Jahrhundert war dieser Bestattungsbrauch bereits in weiten Bereichen Mitteleuropas verbreitet. Besonders klar sind Gegensatz und Wandel auf dem Gräberfeld von Krefeld-Gellep zu erfassen.

An der Stelle des römischen Kastelles Gelduba liegt ein großer zu-
Fig. 40 sammenhängender Friedhof, der, obgleich er noch nicht erschöpfend untersucht ist, bis heute schon annähernd 4000 Bestattungen ergeben hat. Der Beginn der Belegung kann im ersten Drittel des 4. Jahrhunderts angesetzt werden. Es sind nordsüdorientierte Körpergräber mit dem Kopf der Toten im Süden, den Blick also nach Norden gerichtet. Sie sind nahezu alle mit Beigaben ausgestattet, doch fast stets nur mit solchen, die als Behältnisse für Speise und Trank gedient haben. Bald nach der Mitte des 4. Jahrhunderts kann ein Wechsel in der Orientierung beobachtet werden. Die Grabgruben werden nun in ostwestlicher Richtung angelegt, und die Beigabensitte hört fast völlig auf. Beides ist wohl auf christliche Einflüsse zurückzuführen. Am Anfang des 5. Jahrhunderts weisen nur noch wenige Gräber nach römischer Art Keramik und Gläser auf. Statt dessen ist nun zusätzlich seit der ersten Hälfte dieses Jahrhunderts eine Ablösung spätrömischer durch fränkische Formen festzustellen. Als Beigaben treten vorwiegend Waffen und Schmuck auf. Zeitweilig hat es offenbar ein Nebeneinander der verschiedenen Grabformen gegeben. Nach der Aufgabe der Rheingrenze müssen sich hier kleine Gruppen von Neuankömmlingen angesiedelt haben, die ihre Toten auf dem bereits vorhandenen romanischen Friedhof bestatteten. Seit der Mitte des 5. Jahrhunderts beginnen sich die typischen Reihengräber durchzusetzen, und vom Anfang des 6. Jahrhunderts ab ist die Beigabensitte wieder ganz allgemein auf dem Gräberfeld von Krefeld-Gellep vertreten. Hier sind in dieser Zeit auch einige aufwendig angelegte Für-

stengräber in großen hölzernen Grabkammern mit kostbaren Beigaben entstanden. Dieses große Gräberfeld läßt nicht nur einen mehrfachen Wandel des Bestattungsbrauchtums, bedingt durch den neuen christlichen Glauben sowie durch das Vordringen heidnischer Franken, erkennen, sondern zugleich die sicher auch andernorts oft friedlich vor sich gegangene Inbesitznahme neuer Siedlungsgebiete.

In der äußeren Anlage völkerwanderungszeitlicher Friedhöfe, die – soweit Beobachtungen dafür vorliegen – oft durch einen Wasserlauf von der zugehörigen Siedlung getrennt waren, spiegeln sich gewiß die gesellschaftlichen Verhältnisse der Lebenden. So sind manche Gruppen von Beisetzungen, die sowohl Männer- als auch Frauen- und Kindergräber enthalten, als die bevorzugten Bestattungsplätze einzelner Familien aufzufassen. Andere wiederum, mit mehreren waffenführenden Männergräbern, gruppiert um ein besonders gut ausgestattetes Grab, könnten vielleicht als die letzten Ruhestätten von Gefolgschaften gedeutet werden, die über den Tod hinaus ihre Zusammengehörigkeit bekunden wollten.

Soziologische Unterschiede geben sich aber vor allem in den sogenannten Fürstengräbern zu erkennen. Diese durch Beigabenreichtum und Größe des Grabes ausgezeichneten Anlagen liegen nun nicht mehr wie in der römischen Kaiserzeit gesondert außerhalb der großen Friedhöfe der gemeinen Bevölkerung, sondern sind häufig in diese miteinbezogen. Sicher wird mit diesen Anlagen nicht immer eine Art Adel der damaligen Zeit erfaßt. Häufig wird es sich nur um wirtschaftlich starke Personen handeln, die durch ihren Reichtum allerdings eine gewisse Macht ausgeübt und in deren Abhängigkeit sich andere Menschen befunden haben werden. Mit Bestimmtheit haben sie einer gehobenen gesellschaftlichen Schicht angehört, deren rechtliche, soziale und politische Stellung jedoch nicht den Grabbefunden zu entnehmen ist. Luxusgüter zeugen von einer gleichsam höfischen Lebensweise mit Festen, Spielen und Jagden, die sogar in der Form der Falkenbeize betrieben wurden. In mancher Hinsicht sind diese

Bestattungen trotz großer Entfernungen untereinander so einheitlich ausgestattet, daß an persönliche Verbindungen gedacht werden kann. Das gilt sowohl für die Männergräber als auch für die Frauengräber.

Fürstengräber stellen in allen Perioden Ausnahmeerscheinungen dar. Diejenigen der Völkerwanderungszeit zeichnen sich in erster Linie durch ihren goldreichen Prunk aus. ABB. 33 Darüber hinaus enthalten sie Gegenstände aus der alltäglichen Umwelt zu Lebzeiten, die anderen Verstorbenen vorenthalten wurden. Beispielhaft sei dafür das Grab von Sutton Hoo in Ostengland aus dem Anfang des 7. Jahrhunderts genannt, ABB. 15, 36 das nicht nur auf Grund seiner zahlreichen Zeugnisse des Kunsthandwerkes beachtenswert ist, sondern vor allem wegen der Tatsache, daß das Grab in einem großen hölzernen Boot angelegt war. Vergleichbare Befunde liegen aus Skandinavien vor. Die Mitgabe von Booten ist wohl einfach als Ausdruck einer seefahrenden Bevölkerung zu verstehen.

Sowohl die einfachen als auch die aufwendigen Gräber zeugen davon, daß die Totenbehandlung bestimmten Regeln unterworfen gewesen ist. Zu erfassen ist davon allerdings nur das, was einen dauerhaften Niederschlag im Erdboden erfahren hat. Von den eigentlichen Bestattungsfeierlichkeiten ist in den Bodenfunden nichts greifbar. Dennoch muß es solche Zeremonien gegeben haben. Am Rande einiger süd- und westdeutscher Friedhöfe sind Reste kleiner Holzbauten aufgedeckt worden. Ob diese im Rahmen des unmittelbaren Bestattungsvorganges Verwendung fanden oder bei Feiern benutzt wurden, die zu bestimmten Zeiten oder Anlässen wiederholt werden mußten, ist nicht mehr zu klären. Sicher ist nur, daß über die eigentliche Grablegung hinaus weitere Handlungen zu den Bestattungen gehörten.

Es hat in diesen dunklen Jahrhunderten aber nicht nur liebevolle Totenfürsorge in christlicher oder heidnischer Prägung gegeben. Auch Zauber und Magie, verbunden mit Furcht vor dem Toten, spielten eine Rolle. So kommt z. B. in einem Grab von Eisenach bei Trier sehr deutlich die Angst davor zum Ausdruck, daß ein Toter wiederkehren könnte, um in der Welt der Lebenden sein Unwesen zu treiben: der mit Schwert, Sax, Sporn, Feuerstahl und metallenen Gürtelbeschlägen ausgestattete Tote lag in einem hölzernen Sarg innerhalb einer steinumstellten Grabkammer: vor der Bestattung war der Schädel vom Rumpf getrennt und dann außerhalb des Sarges gesondert beigesetzt worden.

In den Bereich von Zauber und Magie verweisen weiterhin beschwörende Runeninschriften, magische Schwertanhänger – oft aus Meerschaum gefertigt – und Amulette. An Zaubermitteln nennt Gregor von Tours u.a. Wurzeln unterschiedlicher Kräuter, Maulwurfzähne, Mäuseknochen, Bärenklauen und Bärenfett. Amulettcharakter wird wohl auch einem Teil des großen Schatzfundes von Szilágysomlyó in Siebenbürgen aus der Zeit um 400 nach Christus zuzusprechen sein. Zu diesem inhaltsreichen Goldschatz gehört auch eine 177 cm lange und 713 g schwere Goldkette mit 52 Anhängern. Unter diesen Anhängern finden sich 45 Miniaturwaffen, -geräte und -werkzeuge wie Schere, Zange, Hammer, Sichel, Pflugschar, Messer, Forke, Axt und Lanze. Sicher sind diese Gegenstände als Symbole zu verstehen, da die Kette durch ihr Gewicht als reine Schmuckkette ungeeignet war. Für den magisch-kultischen Charakter spricht auch eine am unteren Ende angebrachte Rauchtopaskugel.

Kult und Religion haben schließlich noch einen Niederschlag erfahren in den Opferfunden, die vornehmlich an und in Mooren gemacht wurden. Hat es in der römischen Kaiserzeit große und zentrale Mooropferplätze gegeben, die zum Teil nachweisbar über mehrere Jahrhunderte hin immer wieder aufgesucht wurden, um große Waffenmengen, Gefäße mit Speisen, Schmuck, Geräte, Tiere und vereinzelt sogar Menschen dem sumpfigen Untergrund anzuvertrauen und damit den Göttern zu opfern, so gab es in der Völkerwanderungszeit dagegen viele kleine Plätze dieser Art, die zum Teil gerade dadurch gekennzeichnet sind, daß bei ihnen nur ein einziges Mal geopfert

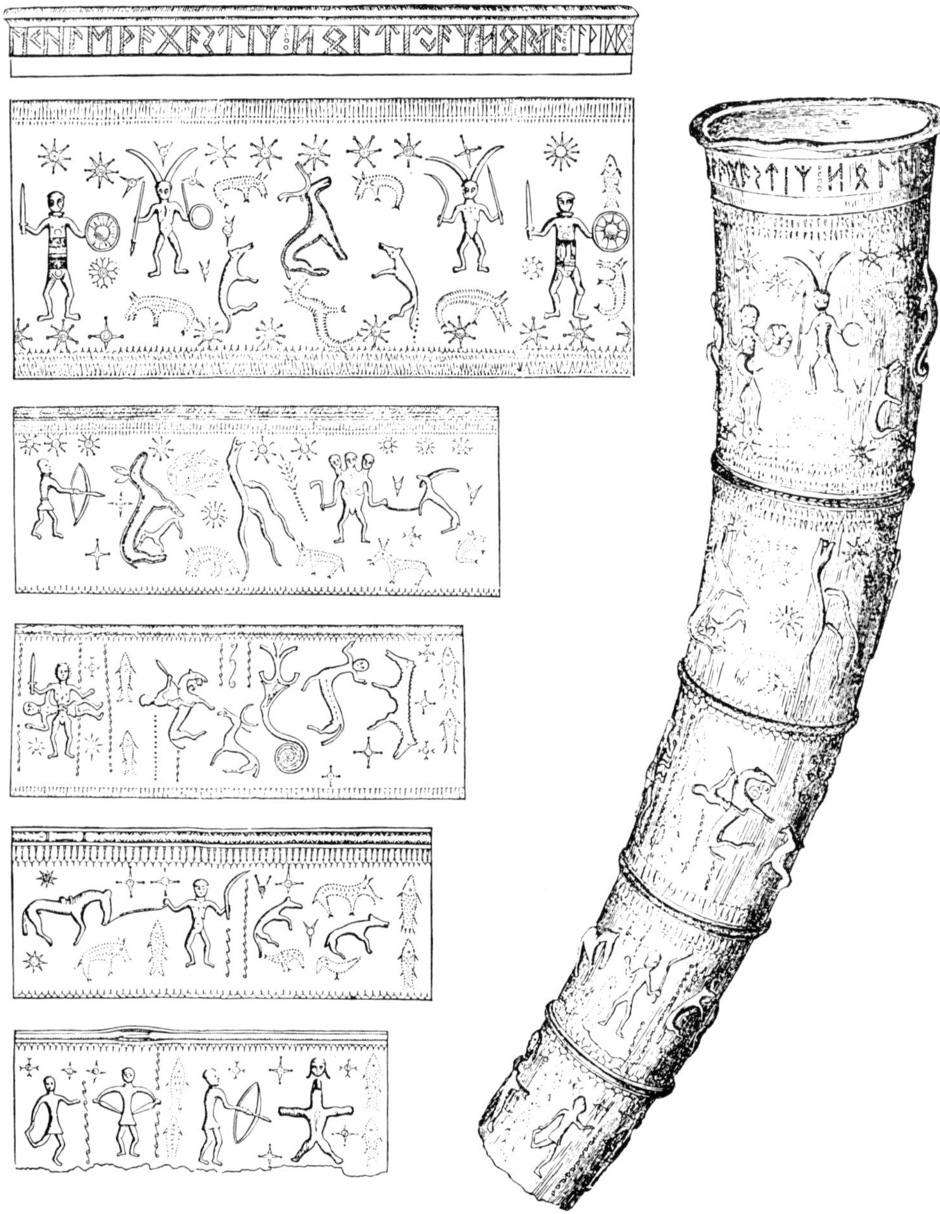

worden ist. Sie sind darüber hinaus weniger durch niedergelegte alltägliche Gegenstände bestimmt als vielmehr überwiegend durch ausgewählte Kostbarkeiten. Als geradezu typisch kann eine Zusammensetzung aus Schmuck und Beschlägen bezeichnet werden, die in der Regel aus Edelmetall gearbeitet und kunstvoll verziert sind. Besonders häufig begegnen Ringe, vor allem geschlossene Goldringe, die zu allen Zeiten und besonders natürlich in Verbindung mit Opfern einen großen Symbolwert gehabt haben. Die Opferfunde sind damit ebenso ein glänzender Ausdruck des Goldzeitalters wie die entsprechenden Grab- und Schatzfunde.

Wem die einzelnen Opfer dargebracht wurden, ist nicht bekannt. Eine Zuweisung an erst aus späterer Zeit überlieferte germanische Göttergestalten ist aus methodischen Gründen zu problematisch, als daß sie hier versucht werden sollte. Auf jeden Fall muß die Niederlegung derart kostbarer Gaben für die Opfernden ein äußerst wichtiges Anliegen gewesen sein, denn sie bedeutete die Trennung von erheblichem Besitz.

Einen letzten zeitgenössisch abgesicherten Einblick in Kult und Religion der Völkerwanderungszeit vermitteln schließlich noch die Bilddenkmäler. Die schwer deutbaren Darstellungen auf den Brakteaten haben oben bereits Erwähnung gefunden. Zu nennen sind darüber hinaus vor allem die beiden oben ebenfalls erwähnten goldenen Hörner, die im 17. beziehungsweise im 18. Jahrhundert bei Gallehus im westlichen Jütland gefunden wurden. Sie sind von ganz besonderer Bedeutung, da sie regelrechte Bildprogramme enthalten. Unsere heutige Kenntnis dieser Goldhörner beruht allerdings nicht auf den Originalen, denn beide wurden 1802 gestohlen und eingeschmolzen. Fig. 41

Fig. 41: Das mit eingepunzten und applizierten Figuren und Ornamenten verzierte goldene Runenhorn von Gallehus, Dänemark. Gesamtansicht und abgerollte Bildstreifen.

Zur Verfügung stehen lediglich einige alte Beschreibungen sowie mehrere, zum Teil sehr gute Abbildungen. Verzweifelt über den Diebstahl schrieb in demselben Jahr Adam Oehlenschläger ein berühmt gewordenes Gedicht über die Hörner und leitete so den Beginn romantischer Dichtung und damit zugleich das sogenannte Goldalter der dänischen Literatur ein.
Beide Hörner bestanden aus einer glatten Innenschale und darauf montierten Reifen mit eingepunzten Tierbildern und geometrischen Ornamenten sowie mit aufgelöteten Relieffiguren. Bereits die Art der Ausschmückung gibt im Vergleich mit der Verzierung auf Fibeln und Tongefäßen beide Goldhörner als einheimische Erzeugnisse der Zeit um 400 n. Chr. Geb. oder bald danach zu erkennen. Bestätigung findet diese Zuweisung in der Runeninschrift, die direkt an der Mündung des kürzeren Hornes angebracht wurde. Sie lautet:

ekhlewagastiR:holtijar:horna:tawido

und heißt in der Übersetzung »Ich Hlewagast Holts Sohn (oder von Holt) fertigte das Horn«. Hlewagast ist ein germanischer Name, der etwa »ruhmvoller Gast« bedeutet.
Dargestellt sind auf den Hörnern sowohl einzelne Figuren als auch ganze Szenen: Masken, Schwerttänzer, Fruchtbarkeitsopfer, Akrobaten, Fabelwesen und in einem Falle wahrscheinlich sogar ein Menschenopfer. Vermutlich sind beide Exemplare in Verbindung mit kultischen Festen benutzt worden, deren Ablauf in den bildlichen Darstellungen wiedergegeben sein soll. Häufig finden sich auf Kultgefäßen Hinweise auf ihren Gebrauch. Entsprechend könnte auch eine Szene auf dem zweiten Fries des langen Hornes von Gallehus gedeutet werden. Hier trägt ein bärtiger Mann ein großes solches Horn; er entfernt sich von einem mit Pfeil und Bogen getöteten Tier. Vermutlich ist sein Horn mit dem Blut dieses Tieres, das vielleicht ein Pferd sein soll, gefüllt; Pferdeblut spielte noch im spätheidnischen Kult des Nordens eine große Rolle. Ohne Zweifel spiegeln die Dar-

stellungen auf den Goldhörnern von Gallehus Situationen von kultischen Festlichkeiten mit zum Teil geradezu karnevalsartigem Charakter, wie sie gemäß jüngerer volkskundlicher Überlieferung oft im Zusammenhang mit den bedeutungsvollen Wenden des Jahres stattfanden. So könnten auch diese beiden Hörner, deren Größe, Wert und Ausschmückung bereits auf eine Verwendung außerhalb eines alltäglichen profanen Bereiches verweisen, Zeugnisse für Frühjahrsbitt- und/oder Herbstdankfeiern sein, verbunden mit der Opferung von Lebewesen.
Kult, Religion, Magie und Tod sind den archäologischen Quellen nach in der Völkerwanderungszeit nicht voneinander zu trennen.

MACHT UND HERRSCHAFT

Von seiner Residenz in Tournay aus (im heutigen Belgien) herrschte von etwa 460 bis 481/482 n. Chr. Geb. König Childerich über einen Teil der Franken. Ihm unterstand ein fränkisches Truppenkontingent, das auf Grund eines zeitweiligen Föderatenvertrages im römischen Heer Dienst tat. Childerich war der Sohn Merowechs, auf den sich das Geschlecht der Merowinger zurückführt. Nachdem er zeitweilig zu den Thüringern geflohen war, heiratete er die thüringische Königin Basina, die ihren Gatten verlassen hatte. Ihr gemeinsamer Sohn ist Chlodwig, der Begründer des großen, zusammenhängenden Frankenreiches.

Beim Ausschachten für ein Fundament wurde im Jahre 1653 in Doornick bei Tournay von Arbeitern das Grab König Childerichs angetroffen. Bei der folgenden Bergung lagen die meisten Funde noch im Erdboden, doch manche auch bereits im Aushub; einiges könnte also schon damals verlorengegangen sein. Das geborgene, im wahrsten Sinne des Wortes königliche Grabinventar kam zuerst in die Hand des Erzherzogs Leopold Wilhelm, der damals Regent der Niederlande war. Von dort aus gelangte es an Kaiser Leopold I. und dann schließlich auf Wunsch des Mainzer Kurfürsten und auf Fürsprache des kaiserlichen Beichtvaters an Ludwig XIV. von Frankreich. Die Funde wurden von ihm in der königlichen Bibliothek aufbewahrt. Sie erlitten das gleiche Schicksal wie zwei andere berühmte Funde der Völkerwanderungszeit – diejenigen von Pietroassa und von Gallehus: sie wurden im Jahre 1831 gestohlen. Wichtige Teile konnten in der Seine wiedergefunden werden. Fast alle noch erhaltenen Stücke aus diesem Grab werden heute in der Bibliothèque Nationale in Paris verwahrt. Fig. 42

Bei der Menge und dem Wert der Gegenstände aus dem Grab kann geradezu von einem Grabschatz gesprochen werden – in Anlehnung an Staats- und Königsschätze, die bei Gregor von Tours mehrfach für fränkische Herrscherfamilien genannt werden. An Waffen enthielt das Grab Langschwert, Sax, Franziska und Lanzenspitze, an Schmuck u. a. Fibeln, Armring, Schnallen und goldene Zikaden, die als Besatz gedient haben. Weiterhin gehörten etwa 300 Gold- und Silbermünzen zur Ausstattung sowie verschiedene Beschläge, deren genaue Funktion nicht bestimmt werden kann. Sie bestehen fast durchweg aus Gold und sind vielfach mit Almandinen in hervorragender Technik besetzt.

Das zweischneidige Langschwert weist unmittelbare Beziehungen zum Schwarzmeer-Gebiet auf. Vielleicht handelt es sich um eine von Childerich in Auftrag gegebene Arbeit – von Goldschmieden ausgeführt, die mit dem Attila-Zug in den Westen kamen. Die eigentliche Griffpartie ist mit Goldblech beschlagen, der obere und untere Griffabschluß sind mit Almandinen im geometrischen Zellenwerk besetzt. Der zugehörige Scheidenmündungsbeschlag und die Schwertgurthalterung sind ebenso verziert, während das Ortband mit zwei gegeneinander beißenden Vogelköpfen geschmückt ist. Vereinfachte Nachbildungen solcher Schwerter scheinen in alamannischen Werkstätten hergestellt worden zu sein. In gleicher Weise ist auch der Sax des Königs gefertigt.

Als Herrschaftszeichen Childerichs werden wohl sein massiver goldener Armring mit verdickten Enden zu werten sein, der in dieser Form nur in einigen wenigen anderen Fürstengräbern vertreten ist, sowie die goldene Zwiebelknopffibel, die er entsprechend der römisch-byzantinischen Amtstracht getragen hat. Eventuell mögen zu dieser Gruppe von Gegenständen auch die zahlreichen goldenen Zikaden gehören, die wohl als Mantelbesatz gedient haben. Bei seiner Kaiserkrönung im Jahre 1804 erwählte Napoleon I. sie zum Symbol seiner jungen Dynastie, um die Lilien der Bourbonen abzulösen. Schließlich gehört wohl auch der Siegelring mit der Inschrift CHIL-

Fig. 43

Fig. 42: Ansicht der Beigaben im Grab des Königs Childerich bei Tournay.

DERICI REGIS zu den Hoheitszeichen. Die Inschrift dieses für die Identifizierung des Grabes wichtigen, heute verschollenen Ringes war spiegelverkehrt angebracht. Sie verlief um das Bild des Königs, der dargestellt war mit lang herabwallenden Haaren – eine Haartracht, die als königliches Privileg überliefert ist –, einer angedeuteten Ringbrünne, einem übergeworfenen Mantel sowie einer Lanze in der rechten Hand als Zeichen der Königswürde. Fig. 44

Fig. 43: Stilicho, ein Wandale im Dienste Ostroms, der als Zeichen seines Amtes eine Zwiebelknopffibel auf der rechten Schulter trägt. Teil eines Elfenbeindiptychons. Höhe 32,2 cm.

Insgesamt enthielt das Grab etwa 300 Münzen, davon ungefähr 200 silberne und 100 goldene. Bereits bei der ersten Veröffentlichung des Fundes 1655 durch den gelehrten Arzt J. J. Chiflet konnten davon nur noch etwa 160 bestimmt werden. Die Goldmünzen stammen alle aus dem 5. Jahrhundert; die meisten von ihnen sind in den Jahren unmittelbar vor Childerichs Tod geprägt worden. Die Silbermünzen dagegen gehören vorwiegend dem 2. Jahrhundert an – eine war sogar bei der Niederlegung ungefähr 500 Jahre alt. Dieser regelrechte königliche Münzschatz ist nicht auf einmal zustande gekommen, sondern allmählich gewachsen, wobei noch im Umlauf befindliche alte Münzen mit einbezogen wurden, sofern sie nur aus Edelmetall bestanden.

Auffallend am Grab des Childerich ist das Fehlen sowohl eines Halsringes als auch einer helmartigen Kopfbedeckung. Aber auch ohne solche Dinge wirft dieses Königsgrab ein Licht auf den Reichtum weniger mächtiger Könige. Entsprechend aufwendig wird auch das Äußere ihrer Grablegen gewesen sein. Das mag der von Jordanes gegebene Bericht über die Beisetzung des Westgotenkönigs Alarich erläutern, obgleich die geschilderte Form der Bestattung auch für die Völkerwanderungszeit einzigartig gewesen sein wird: »Während Alarich, durch jenes Hindernis abgeschreckt, bei sich überlegte, was er tun sollte, wurde er plötzlich durch einen frühen Tod aus diesem Leben abberufen. Ihn hatten seine Goten über die Maßen geliebt. In ihrer Trauer lenkten sie den Fluß Busento bei der Stadt Cosenza aus seinem Bett ab – denn dieser Fluß läßt seine heilkräftigen Wasser vom Fuße des Berges nahe der Stadt dahinziehen –, ließen inmitten seines Flußbettes durch zusammengeholte Scharen von Gefangenen ein Grab ausheben, in dessen Tiefe sie Alarich mit vielen Schätzen versenkten. Dann lenkten sie die Wasser wieder in ihr altes Bett zurück und, damit niemals die Stätte wiedergefunden würde, töteten sie alle, die die Gruft hatten graben müssen.«

Der Grabfund Childerichs läßt erahnen, wie eine königliche Umwelt

Fig. 44: Siegelring aus dem Grab des Königs Childerich in Tournay.

in den dunklen Jahrhunderten ausgesehen haben mag. Höfisches Leben war aber nicht nur von goldenem Prunk geprägt, zu dem auch Beizjagden und Feste gehörten. Der Ostgotenkönig Theoderich d. Gr. förderte Künste und Wissenschaften nachhaltig, obgleich er selbst weder lesen noch schreiben konnte. Der Frankenkönig Chilperich zeigte Ansätze zu ebensolchen Bestrebungen, indem er selbst versuchte, Bücher zu schreiben, die laut Gregor von Tours aber ziemlich unbeholfen gewesen sein müssen. Chilperich wollte sogar vier neue Buchstaben dem Alphabet hinzufügen, doch hat er sich hiermit nicht durchsetzen können. Andere Frankenherrscher wiederum rühmten sich selbst ihrer Goldschmiedefertigkeit. Zeugen solche Beschäftigungen davon, daß germanische Könige der Völkerwanderungszeit – allen voran Theoderich d. Gr. – nicht ausschließlich an der Ausübung von Macht und Herrschaft interessiert waren, so vermitteln die Vorstellungen, die bereits seine Zeitgenossen von dem Frankenkönig Chlodwig hatten, ein gegenteiliges Bild.

Chlodwig muß der schriftlichen Überlieferung gemäß einerseits grausam und geradezu brutal, andererseits aber zugleich auch eine überragende Herrschergestalt gewesen sein. Unbarmherzig gegenüber eventuell rivalisierenden Verwandten setzte er seine Machtbestrebungen durch und schuf ein großes, zusammenhängendes Frankenreich, das von seinen Nachfolgern sogar noch erweitert wurde. Es sollte die Grundlage des christlichen Abendlandes bilden. Er vertraute nur wenigen von ihm ernannten Beauftragten, die seine Herrschaft auch dort aufrechterhielten, wo er selbst gerade nicht präsent war.

Einer dieser königlichen Beauftragten war vielleicht der »Fürst«, der in dem Grab 1782 von Krefeld-Gellep bestattet worden ist. Dieses Grab war in einer hölzernen Bohlenkammer innerhalb einer 2,8 m tiefen und 4 × 5 m großen Grube unter einer Tuffsteinschicht angelegt. Es war bei seiner Auffindung völlig ungestört, doch hatten sich keine Skeletteile erhalten. Die Waffenbeigaben lagen an der rechten Seite des Toten, die Gefäßbeigaben am Kopf- und Fußende.

Das Langschwert, die Spatha, war über 90 cm lang. Es hatte einen pyramidenförmigen Goldknauf mit eingelegten Almandinen. Am Knauf waren 1½ Goldringe befestigt. Weiterhin hing ein Meerschaumanhänger mit Goldeinsatz und Almandinen an diesem Schwert. Zu den Angriffswaffen gehörten darüber hinaus ein nur knapp 30 cm langer Schmalsax, von dessen hölzerner Scheide mit einem aufgesteckten Messer noch Reste erhalten waren, ein 1,64 m langer Ango, eine Lanzenspitze, eine Franziska sowie als besondere Jagdwaffe eine Saufeder mit einer 69 cm langen Eisenspitze.

An Schutzwaffen besaß der Tote einen Rundschild, von dem noch der die Hand schützende gewölbte Schildbuckel und die Schildfessel, d. h. der Griff, erhalten sind, sowie einen Helm. Der 18 cm hohe und 22,5 cm weite Helm ist über einen Reif und nach oben führende Spangen aus sechs punzverzierten Platten aufgebaut. Beweglich waren Wangenklappen und ein Nackenschutz angebracht. Im Inneren ist der Helm mit Leder ausgefüttert gewesen. Ein etwa 60 bis 80 Jahre später niedergelegtes, wohl werkstattgleiches Exemplar aus Morken ABB. 13 zeigt, welchen Wert die Spangenhelme für ihren Träger gehabt haben müssen. Mit dieser Kombination aus Schutz- und Trutzwaffen für den Nah- und Fernkampf war der »Fürst« von Krefeld-Gellep einer der wenigen voll bewaffneten Krieger seiner Zeit. Im Vergleich zu anderen fränkischen Gräbern war in diesem Fürstengrab auch die Ausstattung mit Gefäßen besonders reichhaltig. Die Gefäße bestanden

aus Holz, Metall und Glas, während Keramik nicht vorhanden war: ein geböttcherter Holzeimer mit Bronzebeschlägen, eine Bronzeschüssel, ein bronzenes Hängegefäß, ein Bronzetopf (mit zwei Rippen vom Hausrind als Rest einer Fleischbeigabe), eine Bronzekanne, eine grüne Glaskanne und eine völlig unversehrte blaßgrüne Glasschale mit eingeschliffenen figürlichen Ornamenten. Die Herstellung beider Glasgefäße ist bereits im 4. Jahrhundert erfolgt; sie müssen also sehr lange behutsam benutzt worden sein, bevor sie als Grabbeigaben niedergelegt wurden. Vielleicht sind sie aber auch aus römischen Gräbern entnommen worden, wie das für das frühe Mittelalter auch sonst mehrfach wahrscheinlich gemacht werden konnte.
Der Schmuck des Toten setzte sich zusammen aus einem an der linken Hand getragenen goldenen Fingerring mit einer antiken Chalcedongemme sowie aus einer goldenen, zwei bronzenen und drei silbernen Schnallen verschiedener Funktion. Das komplette Pferdegeschirr bestand aus zwei Knebeltrensen, zwei Riemenverteilern, neun Beschlagplättchen, vier Riemenzungen und zwei Schnallen. Diese Stücke waren alle aus Gold, vergoldetem Silber und Almandinen sehr sorgfältig gearbeitet. Zwei jeweils etwa 22 cm lange D-förmige almandinverzierte Beschläge mögen als vorderer Besatz auf einem lederüberzogenen Holzsattel gedient haben. Weiterhin befanden sich in dem Grab ein eiserner Bratspieß, zwei Eisenmesser mit goldenen Griffhülsen, ein Silberlöffel, ein Taschenbügel, eine silberne Nadel mit Öhr sowie einige wenige unbestimmbare Gegenstände. Wichtig für die Datierung des Grabes ist schließlich noch eine Goldmünze für Anastasius I. (491–518), die keinerlei Abnutzungsspuren zeigt, bei der es sich aber auf Grund der entstellten Inschrift wohl um eine barbarische Nachprägung handelt. Da sie nahe der Kopfstelle lag, wird sie als Charonspfennig mitgegeben worden sein.
Die gesamte Anlage und Ausstattung dieses Grabes von Krefeld-Gellep zeigt, daß der hier Bestattete eine der führenden Persönlichkeiten im Frankenreich am Anfang des 6. Jahrhunderts gewesen sein muß.

Es liegt deshalb durchaus nahe, ihn als einen der Beauftragten Chlodwigs zu sehen. Dicht neben diesem Grab befanden sich einige weitere männliche Bestattungen, die nach dem gleichen Vorbild angelegt waren. Auch sie enthielten komplette Waffenausstattungen, doch ohne Saufeder und ohne den Helm, den demnach offenbar nicht jeder tragen durfte. Diese Gräber repräsentieren wohl die nächst niedrigere soziale Gruppe unter den »Fürsten«.
Zeugt schon das Grab 1782 von Krefeld-Gellep von einem gewaltigen Aufwand bei fürstlichen Hofhaltungen, wie sehr muß dieses dann bei Chlodwig selbst der Fall gewesen sein!
Macht und Herrschaft haben ihre archäologisch erfaßbaren Spuren hinterlassen in Gräbern wie denjenigen des Childerich oder des »Fürsten« von Krefeld-Gellep. Die politischen Kräfteverhältnisse werden aber erst aus der zeitgenössischen Schriftüberlieferung deutlich, die allerdings ihre Bestätigung in der Verbreitung von bestimmten Funden erhält. Demnach beherrschten am Ausgang der Völkerwanderungszeit die Franken den größten Teil des mittleren und westlichen Europa. Auf der Iberischen Halbinsel bestand noch das Reich der Westgoten, das 711 von den Arabern erobert wurde. In Italien gab es seit 568 das Reich der Langobarden, das ebenso wie das in Nordwestdeutschland gelegene Siedlungsgebiet der Sachsen erst unter Karl d. Gr. dem fränkischen Reich eingegliedert wurde. Unberührt von diesen Entwicklungen blieben lediglich der insulare Westen, wo ein angelsächsisches Königreich entstanden war, sowie der europäische Norden, in dem sich aus einheimischen Wurzeln allmählich mehrere Machtzentren in Dänemark, im südlichen Mittelschweden und in Norwegen herausbildeten, die aber erst in der Wikingerzeit eine entscheidende Rolle im politischen Geschehen auf dem Kontinent spielen sollten.
Im östlichen Mitteleuropa, das durch den Abzug der germanischen Stämme wenn auch nicht siedlungsleer geworden war, so aber doch nur noch dünn besiedelt gewesen sein muß, drangen seit dem 6. Jahr-

hundert die Slawen ein, die erstmals bereits im Zustand ihrer nordwestwärts gerichteten Ausdehnung an der unteren Donau greifbar werden. Ihre in langsamen Schüben über mehrere Generationen hin vorgenommene Landnahme muß verhältnismäßig friedlich vor sich gegangen sein. Dieser Vorgang gehört jedoch nicht mehr zur eigentlichen Völkerwanderungszeit. Bis in das hohe Mittelalter haben die Slawen ihre neuen Siedlungsgebiete östlich der Elbe weitgehend unangefochten behaupten können.

Die von goldglänzendem Prunk ebenso wie von grausamem Tod und Verderben geprägte germanische Völkerwanderungszeit hatte bereits ihren Abschluß gefunden durch die von Chlodwig eingeleitete und von seinen Nachfolgern fortgeführte dauerhafte Staatenbildung, innerhalb der große Völkerbewegungen keinen Platz mehr hatten.

ANHANG

BIBLIOGRAPHIE

EINLEITENDE ÜBERSICHT

K. Böhner, D. Ellmers u. *K. Weidemann,* Das frühe Mittelalter (Führer durch das Römisch-Germanische Zentralmuseum in Mainz 1). Mainz 1970.

J. Hoops, Reallexikon der Germanischen Altertumskunde. Berlin 1973²ff.

L. Lindenschmit, Die Alterthümer der merowingischen Zeit (Handbuch der deutschen Alterthumskunde, Teil I). Braunschweig 1880–1889.

H. Reinerth (Hrsg.), Vorgeschichte der deutschen Stämme. Bd. 1–3. Berlin 1940.

H. Schneider (Hrsg.), Germanische Altertumskunde. München 1951.

QUELLEN UND HISTORISCHE VORAUSSETZUNGEN

B. S. Bachrach, A History of the Alans in the West. Minneapolis 1973.

M. Backes und *R. Dölling,* Die Geburt Europas. Baden-Baden 1969.

G. Behm-Blancke, Gesellschaft und Kunst der Germanen. Die Thüringer und ihre Welt. Dresden 1973.

K. Böhner, Die fränkischen Altertümer des Trierer Landes (Germanische Altertümer der Völkerwanderungszeit, Serie B 1). Berlin 1958.

K. Böhner, Probleme der Kontinuität zwischen Römerzeit und Mittelalter in West- und Süddeutschland, in: Ausgrabungen in Deutschland. Teil 2. Römische Kaiserzeit im freien Germanien. Frühmittelalter I (RGZM Monographien 1, 2). Mainz 1975, S. 53–63.

J. Brøndsted, Nordische Vorzeit 3. Neumünster 1960.

W. Capelle, Die Germanen im Frühlicht der Geschichte. Das Erbe der Alten (Schriften über Wesen und Wirkung der Antike 2/15). Leipzig 1928.

W. Capelle, Das alte Germanien. Die Nachrichten der griechischen und römischen Schriftsteller. Jena 1937.

W. Capelle, Die Germanen der Völkerwanderung. Stuttgart 1940.

S. Chadwick Hawkes u. *G. C. Dunning,* Krieger und Siedler in Britannien während des 4. und 5. Jahrhunderts. Mit einem Katalog der Schnallen und Gürtelbeschläge mit Tierornamenten (43.–44. Ber. d. RGK 1962–63 [1964]) 155–231.

D. Claude, Geschichte der Westgoten. Stuttgart 1970.

C. Courtois, Les Vandales et l'Afrique. Paris 1955.

H.-J. Diesner, Das Vandalenreich. Stuttgart 1966.

W. Grönbech, Kultur und Religion der Germanen. Bd. 1 u. 2. Stuttgart 1954[5].

R. Hachmann, Die Goten und Skandinavien. Berlin 1970.

R. Hachmann, Die Germanen (Archaeologia Mundi). Genf 1971.

H. Homeyer, Attila. Berlin 1951.

W. Lammers, Die Stammesbildung bei den Sachsen (Westf. Forsch. 10. 1957) 25–57.

J. O. Maenchen-Helfen. The World of the Huns. Berkeley/Los Angeles/London 1973.

G. Mildenberger, Die germanischen Funde der Völkerwanderungszeit in Sachsen (Arbeits- und Forschungsberichte zur sächsischen Bodendenkmalpflege 2). Leipzig 1959.

G. Mildenberger, Sozial- und Kulturgeschichte der Germanen. Stuttgart 1972.

R. Moosbrugger-Leu, Die frühmittelalterlichen Gürtelbeschläge der Schweiz. Ein Beitrag zur Geschichte der Besiedlung der Schweiz durch die Burgunder und Alamannen (Monographien zur Ur- und Frühgeschichte der Schweiz 14). Basel 1967.

R. Noll, Vom Altertum zum Mittelalter (Führer durch das Kunsthistorische Museum Nr. 8). Wien 1958.

A. Plettke, Ursprung und Ausbreitung der Angeln und Sachsen, Beiträge zur Siedlungsarchäologie der Ingväonen. Hildesheim 1921.

R. Roeren, Zur Archäologie und Geschichte Südwestdeutschlands im 3. bis 5. Jahrhundert n. Chr. (Jahrb. d. RGZM 7. 1960) 214–294.

H. Roosens, Laeti, Foederati und andere spätrömische Bevölkerungsniederschläge im belgischen Raum (Die Kunde N. F. 18. 1967) 89–109.

E. Salin, La civilisation mérovingienne d'après les sépultures, les textes et le laboratoire. Bd. 1–4. Paris 1949–1959.

B. Schmidt, Die späte Völkerwanderungszeit in Mitteldeutschland. Mit einem anthropologischen Beitrag von L. Schott (Veröffentl. des Landesmuseums für Vorgeschichte in Halle 18). Halle 1961.

L. Schmidt, Geschichte der Wandalen. München 1942[2].

L. Schmidt, Die Ostgermanen (Geschichte der deutschen Stämme bis zum Ausgang der Völkerwanderung). Verbess. Nachdr. d. 2. Aufl. München 1969.

L. Schmidt u. *H. Zeiss,* Die Westgermanen (Geschichte der deutschen Stämme bis zum Ausgang der Völkerwanderung). Nachdr. d. 2. Aufl. München 1970.
H. Sevin, Die Gepiden. München 1955.
M. Stenberger, Öland under äldre järnåldern – en bebyggelsehistorisk undersökning (Kungl. Vitterhets Hist. och Antikv. Akad.). Stockholm 1933.
F. M. Stenton, Anglo-Saxon England. Oxford 1971[3].
K. Tackenberg, Die Wandalen in Niederschlesien (Vorgeschichtl. Forschungen 1, 2). Berlin 1925.
F. Tischler, Der Stand der Sachsenforschung, archäologisch gesehen (35. Ber. d. RGK 1954 [1956]) 21–215.
W. Veeck, Die Alamannen in Württemberg (Germ. Denkmäler der Völkerwanderungszeit 1). Berlin u. Leipzig 1931.
E. Vogt, Interpretation und museale Auswertung alamannischer Grabfunde (Zeitschr. f. Schweiz. Archäol. u. Kunstgeschichte 20. 1960). 70–90.
R. Wenskus, Stammesbildung und Verfassung. Das Werden der frühmittelalterlichen gentes. Köln 1961.
J. Werner, Beiträge zur Archäologie des Attila-Reiches (Bayer. Akad. d. Wiss. Phil.-Hist. Kl. N. F. 38 A–B). München 1956.
J. Werner, Die Langobarden in Pannonien. Beiträge zur Kenntnis der langobardischen Bodenfunde vor 568 (Bayer. Akad. d. Wiss, Phil.-Hist. Kl. N. F. 55 A–B). München 1962.
D. M. Wilson, The Anglo-Saxons (Ancient Peoples and Places 16). London 1962.
H. Zeiss, Die Grabfunde aus dem spanischen Westgotenreich (Germ. Denkmäler der Völkerwanderungszeit 2). Berlin 1934.
H. Zeiss, Studien zu den Grabfunden aus dem Burgunderreich an der Rhône (Sitzungsberichte d. Bayer. Akad. d. Wiss. Phil.-Hist. Kl. 7). München 1938.
E. Zöllner, Geschichte der Franken bis zur Mitte des 6. Jahrhunderts (Geschichte der deutschen Stämme bis zum Ausgang der Völkerwanderung). München 1970.
N. Åberg, Die Franken und Westgoten in der Völkerwanderungszeit (Arbeten Vilhelm Ekmans Universitetsfond, Uppsala 28). Uppsala 1922.
N. Åberg, The Anglo-Saxons in England during the early centuries after the invasion. Uppsala 1926.

R. Christlein, Der Runde Berg bei Urach I. Die frühgeschichtlichen Kleinfunde außerhalb der Plangrabungen (Abhandl. d. Heidelberger Akad. d. Wiss. Phil.-Hist. Kl. 1. Abh.). Heidelberg 1974.

O. Doppelfeld, Das Fortleben der Stadt Köln vom 5. bis 8. Jahrhundert nach Chr. (Early Medieval Studies 1. 1970) 35–42.

W. A. van Es, Wijster (Palaeohistoria 11. 1965).

G. P. Fehring, Die Stellung des frühmittelalterlichen Holzkirchenbaues in der Architekturgeschichte (Jahrb. RGZM 14. 1967) 179–197.

W. Haarnagel, Die Wurtensiedlung Feddersen Wierde im Nordsee-Küstengebiet, in: Ausgrabungen in Deutschland. Teil 2. Römische Kaiserzeit im freien Germanien. Frühmittelalter I (RGZM Monographien 1, 2). Mainz 1975, S. 10–29.

W. Holmqvist, Excavations at Helgö. Bd. 1–4. Stockholm 1961–1972.

W. Holmqvist u. *K.-E. Granath,* Helgö – den gåtfulla ön. Uddevalle 1969.

A. Lundström, Helgö als frühmittelalterlicher Handelsplatz in Mittelschweden (FMSt 2. 1968) 278–290.

V. Milojčić, Der Runde Berg bei Urach. Ergebnisse der Untersuchungen von 1967–1974, in: Ausgrabungen in Deutschland. Teil 2. Römische Kaiserzeit im freien Germanien. Frühmittelalter I (RGZM Monographien 1, 2). Mainz 1975, S. 181–198.

M. Stenberger, Ölands forntida borgar. Stockholm 1966.

M. Stenberger, Eketorp – eine befestigte eisenzeitliche Siedlung auf Öland (Nachrichten der Akad. d. Wiss. in Göttingen). Göttingen 1969.

M. Stenberger, Eketorp, Entwicklung und Bedeutung, in: Vor- und Frühformen der europäischen Stadt im Mittelalter. Bericht über ein Symposium in Reinhausen bei Göttingen in der Zeit vom 18. bis 24. April 1972. Teil 2. Hrsg. v. H. Jankuhn, W. Schlesinger u. H. Steuer (Abhandl. d. Akad. d. Wiss., Göttingen. Phil.-Hist. Kl. 3. Folge Nr. 84) 1974, S. 7–18.

M. Stenberger u. *O. Klindt-Jensen,* Vallhagar. A migration period settlement on Gotland/Sweden. Bd. 1 u. 2. Kopenhagen 1955.

J. Werner, Zu den alamannischen Burgen des 4. und 5. Jahrhunderts. Speculum Historiale. Festschrift f. J. Spörl. Freiburg 1965, S. 439–453.

W. Zimmermann, Ecclesia lignea und ligneis tabulis fabricata (Bonner Jahrb. 158. 1958) 414–453.

ARBEIT UND LEBEN

H. Jankuhn, Vor- und Frühgeschichte vom Neolithikum bis zur Völkerwanderungszeit. Deutsche Agrargeschichte I. Stuttgart 1969.

H. Kühn, Die germanischen Bügelfibeln der Völkerwanderungszeit. Teil 1: Die germanischen Bügelfibeln der Völkerwanderungszeit in der Rheinprovinz. Graz 1965[2].

B. Nerman, Die Völkerwanderungszeit Gotlands. Stockholm 1935.

F. Rademacher, Fränkische Goldscheibenfibeln aus dem Rheinischen Landesmuseum Bonn. München 1940.

G. Thiry, Die Vogelfibeln der germanischen Völkerwanderungszeit (Rheinische Forschungen zur Vorgeschichte 3). Bonn 1939.

J. Werner, Das Messerpaar aus Basel-Kleinhüningen, Grab 126. Zu alamannisch-fränkischen Eßbestecken, in: Provincialia. Festschr. f. R. Laur-Belart. Hrsg. von der Stiftung Pro Augusta Raurica. Basel 1968, S. 647–663.

HANDEL UND HANDWERK

A. Dopsch, Wirtschaftliche und soziale Grundlagen der europäischen Kulturentwicklung. Aus der Zeit von Cäsar bis auf Karl den Großen. Teil 1 u. 2. 2. Neudr. d. 2. Aufl. 1968.

D. Ellmers, Frühmittelalterliche Handelsschiffahrt in Mittel- und Nordeuropa. Neumünster 1972.

C. Engelhardt, Sønderjydske Mosefund. Bd. 2 Nydam Mosefund. Kopenhagen 1865.

P. Kletler, Nordwesteuropas Verkehr, Handel und Gewerbe im frühen Mittelalter. 1924.

P. Paulsen u. *H. Schach-Dörges,* Holzhandwerk der Alamannen. Stuttgart 1972.

H. Shetelig, Das Nydamschiff (Acta Arch. 1. 1930) 1–30.

K. W. Struve, Hölzerne Scheibenräder aus einem Moor bei Alt-Bennebek, Kr. Schleswig (Offa 30. 1973) 205–218.

J. Werner, Waage und Geld in der Merowingerzeit (Sitzungsberichte Bayer. Akad. d. Wiss. Phil.-Hist. Kl.). München 1954.

J. Werner, Fernhandel und Naturalwirtschaft im östlichen Merowingerreich nach archäologischen und numismatischen Zeugnissen (42. Ber. d. RGK 1961) 307–346.

J. Werner, Zur Verbreitung frühgeschichtlicher Metallarbeiten (Werkstatt–Wanderhandwerk–Handel–Familienverbindung) (Early Medieval Studies 1. 1970) 65–81.

WAFFEN UND KAMPFESWEISE

E. Behmer, Das zweischneidige Schwert der germanischen Völkerwanderungszeit. Stockholm 1939.

K. Böhner, Das Langschwert des Frankenkönigs Childerich (Bonner Jahrbücher 148. 1948) 218–248.

H. Hinz, Am langen Band getragene Bergkristallanhänger der Merowingerzeit (Jahrb. RGZM 13. 1966) 212–230.

S. v. Schnurbein, Zum Ango, in: Studien zur vor- und frühgeschichtlichen Archäologie. Festschr. f. J. Werner. Hrsg. v. G. Kossack u. G. Ulbert. Bd. 2 Frühmittelalter. München 1974, 411–433.

H. Steuer, Zur Bewaffnung und Sozialstruktur der Merowingerzeit. Ein Beitrag zur Forschungsmethode (Nachr. aus Niedersachsens Urgeschichte 37. 1968) 18–87.

H. Steuer, Historische Phasen der Bewaffnung nach Aussagen der archäologischen Quellen Mittel- und Nordeuropas im ersten Jahrtausend n. Chr. (FMSt 4. 1970) 348–383.

H. Vierck, Prunksättel aus Gellep und Ravenna (Arch. Korrespondenzblatt 2. 1972) 213–217.

J. Werner, Zur Herkunft der frühmittelalterlichen Spangenhelme (Prähist. Zeitschr. 34/35. 1949/50) 178–193.

J. Werner, Bewaffnung und Waffenbeigabe in der Merowingerzeit (Settimane di Studio 1967 [1968]) 95–108 u. 199–205. Auch in: Siedlung, Sprache und Bevölkerungsstruktur im Frankenreich. Hrsg. v. F. Petri (Wege der Forschung 49). Darmstadt 1973, S. 285–325.

KUNST UND GOLDREICHTUM

B. Arrhenius, Granatschmuck und Gemmen aus nordischen Funden des frühen Mittelalters. Stockholm 1971.

T. Capelle, Zum Runenring von Pietroassa (FMSt 2. 1968) 228–232.

E. Dunareanu-Vulpe, Der Schatz von Pietroassa. Bukarest 1967.
H. J. Eggers, E. Will, R. Joffroy u. *W. Holmqvist,* Kelten und Germanen in heidnischer Zeit. Baden-Baden 1964.
G. Haseloff, Zum Ursprung der germanischen Tierornamentik – die spätrömische Wurzel (FMSt 7. 1973) 406–442.
W. Holmqvist, Tauschierte Metallarbeiten des Nordens aus Römerzeit und Völkerwanderung (Kungl. Vitterhets Historie och Antikvitets Akad. Handlingar 70/2). Stockholm 1951.
W. Holmqvist, Germanic Art during the first Millenium a. d. (Kungl. Vitterhets Historie och Antikvitets Akad. Handlingar 90). Stockholm 1955.
B. Hougen, The Migration style of Ornament on Norway. Oslo 1967[2].
G. László, Steppenvölker und Germanen. Kunst der Völkerwanderungszeit. Wien und München 1970.
A. Odobescu, Le trésor de Petrossa. Bd. 1–3. Leipzig 1889–1900.
M. Ørsnes, Form og Stil i sydskandinaviens yngre germanske Jernalder (Nationalmus. Skrifter, Arkaeol.-hist. raekke 11). Kopenhagen 1966.
B. Salin, Die altgermanische Thierornamentik. Typologische Studie über germanische Metallgegenstände aus dem 4. bis 9. Jahrhundert, nebst einer Studie über irische Ornamentik. Stockholm 1935[2].
J. Werner, Zu den auf Öland und Gotland gefundenen byzantinischen Goldmünzen (Fornvännen 44. 1949) 257–286.

BILD UND SCHRIFT

K. Böhner, Rheinische Grabmäler der Merowingerzeit als Zeugnisse frühen fränkischen Christentums, in: V. H. Elbern (Hrsg.), Das erste Jahrtausend. Bd. 2. Düsseldorf 1964, S. 653–678.
K. Düwel, Runenkunde. Stuttgart 1968.
V. H. Elbern, Die Stele von Moselkern und die Ikonographie des frühen Mittelalters (Bonner Jahrb. 155/156. 1955/56) 184–214.
D. Ellmers, Zur Ikonographie nordischer Goldbrakteaten (Jahrb. RGZM 17. 1970) 201–284.
K. Hauck, Goldbrakteaten aus Sievern (Münstersche Mittelalter-Schriften 1). München 1970.
W. Krause, Was man in Runen ritzte. Halle 1943[2].
W. Krause, Runen. Berlin 1970.
W. Krause u. *H. Jankuhn,* Die Runeninschriften im älteren Futhark. Teil 1 u. 2 (Abh. d. Akad. d. Wiss. Göttingen, Phil-Hist. Kl. 3/65). Göttingen 1966.

M. B. Mackeprang, De nordiske Guldbrakteater (Jysk Arkaeol. Selskab Skrifter 2). Aarhus 1952.
M. Stenberger, Öländska figurbleck av guld (Finska fornminnesföreningens tidskrift 75. 1973) 218–220.
J. Werner, Das Aufkommen von Bild und Schrift in Nordeuropa (Bayer. Akad. d. Wiss. Phil.-Hist. Kl. Sitzungsberichte 4). München 1966.

RELIGION UND TOD

K. Böhner, Zur historischen Interpretation der sogenannten Laetengräber (Jahrbuch RGZM 10. 1963) 139–167.
J. Brøndsted, Guldhornerne – en oversigt. Kopenhagen 1954.
T. Capelle, Litterära belysningar till guldringsfynd. Limhamniana 1963.
O. Doppelfeld, Das fränkische Frauengrab unter dem Chor des Kölner Domes (Germania 38. 1960) 89–113.
O. Doppelfeld, Das fränkische Knabengrab unter dem Chor des Kölner Domes (Germania 42. 1964) 156–188.
O. Doppelfeld u. *R. Pirling,* Fränkische Fürsten im Rheinland (Schr. d. Rhein. Landesmuseums 2). Düsseldorf 1966.
A. France-Lanord u. *M. Fleury,* Das Grab der Arnegundis in Saint-Denis (Germania 40. 1962) 341–359.
H. Geisslinger, Horte als Geschichtsquelle, dargestellt an den völkerwanderungs- und merowingerzeitlichen Funden des südwestlichen Ostseeraumes (Offa-Bücher 19). Neumünster 1967.
A. Genrich, Der gemischtbelegte Friedhof bei Liebenau, Kreis Nienburg. Bd. 1 (Veröffentl. d. urgeschichtlichen Sammlungen des Landesmuseums zu Hannover 21). Hildesheim 1972.
A. Genrich, Der Friedhof bei Liebenau in Niedersachsen, in: Ausgrabungen in Deutschland. Teil 3. Frühmittelalter II (RGZM Monographien 1, 3). Mainz 1975, S. 17–40.
U. E. Hagberg, The Archaeology of Skedemose. Bd. 1–2. Stockholm 1967.
H. Kjaer, Et nyt Fund fra Nydam Mose (Nord. Fortidsminder 1. 1890–1903).
W. u. *L. Lindenschmit,* Das germanische Todtenlager bei Selzen in der Provinz Rheinhessen. Mainz 1848.
A. v. Müller, Völkerwanderungszeitliche Körpergräber und spätgermanische Siedlungsräume in der Mark Brandenburg (Berliner Jahrbuch 2, 1962) 105–189.

W. Nowothnig, Brandgräber der Völkerwanderungszeit im südlichen Niedersachsen (Göttinger Schriften zur Vor- und Frühgeschichte 4). Neumünster 1964.

E. Graf Oxenstierna, Die Goldhörner von Gallehus. Lidingö 1956.

R. Pirling, Das römisch-fränkische Gräberfeld von Krefeld-Gellep (Germanische Denkmäler der Völkerwanderungszeit Ser. B. Die Fränkischen Altertümer des Rheinlandes Bd. 2). Berlin 1966.

R. Pirling, Das römisch-fränkische Gräberfeld von Krefeld-Gellep 1960–1963 (Germanische Denkmäler der Völkerwanderungszeit, Ser. B. Die fränkischen Altertümer des Rheinlands Bd. 8). Berlin 1974.

R. Pirling, Die Gräber von Krefeld-Gellep, in: Ausgrabungen in Deutschland. Teil 2. Römische Kaiserzeit im freien Germanien. Frühmittelalter I (RGZM Monographien Bd. 1, 2). Mainz 1975, S. 165–180.

J. de Vries, Altgermanische Religionsgeschichte. Bd. 1–2. Berlin 1956/57².

J. Werner, Zur Entstehung der Reihengräberzivilisation (Archaeologia Geographica 1. 1950).

MACHT UND HERRSCHAFT

K. Böhner, Das Grab eines fränkischen Herren aus Morken im Rheinland (Führer des Rheinischen Landesmuseums in Bonn Nr. 4). Köln 1959.

J. J. Chifletius, Anastasis Childerici I. Francorum Regis sive thesaurus sepulchralis Tornaci Neruiorum effossus et commentario illustratus. Antwerpen 1655.

M. Cochet, Le tombeau de Childéric Ier. Roi des Francs, restitué à l'aide de l'archéologie et des découvertes recentes. Paris 1859.

M. Gimbutas, The Slavs (Ancient Peoples and Places 74) 1971.

W. Hensel, Die Slawen im frühen Mittelalter. Ihre materielle Kultur. Berlin 1965.

J. Hermann (Hrsg.), Die Slawen in Deutschland. Geschichte und Kultur der slawischen Stämme westlich von Oder und Neiße vom 6. bis 12. Jahrhundert. Berlin 1972².

R. Pirling, Ein fränkisches Fürstengrab aus Krefeld-Gellep (Germania 42. 1964) 188–216.

P. E. Schramm, Herrschaftszeichen und Staatssymbolik (Schriften der MGH 13, 1–3). Stuttgart 1955–56.

Z. Váňa, Einführung in die Frühgeschichte der Slawen. Neumünster 1970.

NACHWEIS ZITIERTER QUELLEN

Quellen und historische Voraussetzungen, S. 19:

Ammianus Marcellinus nach W. Capelle, Die Germanen der Völkerwanderung, Stuttgart 1940, S. 177.

Quellen und historische Voraussetzungen, S. 29:

Profuturus Frigeridus nach W. Capelle, Die Germanen der Völkerwanderung, Stuttgart 1940, S. 117 f.

Arbeit und Leben, S. 62:

Agathias nach L. Lindenschmit, Handbuch der deutschen Alterthumskunde, Teil I, Braunschweig 1880–1889, S. 309.

Waffen und Kampfesweise, S. 96:

Agathias nach L. Lindenschmit, Handbuch der deutschen Alterthumskunde, Teil I, Braunschweig 1880–1889, S. 181.

Macht und Herrschaft, S. 177:

Jordanes nach W. Capelle, Die Germanen der Völkerwanderung, Stuttgart 1940, S. 248 f.

NACHWEIS DER FIGUREN

Fig. 1: nach Vorlage vom Verfasser
Fig. 2: nach Vorlage vom Verfasser
Fig. 3: nach Vorlage vom Verfasser
Fig. 4: nach Vorlage vom Verfasser
Fig. 5: Holle Bildarchiv, Baden-Baden
Fig. 6: nach Foto vom Verfasser
Fig. 7: nach G. Fehring, Jahrbuch des RGZM 14, 1967
Fig. 8: nach J. Milojčić, in: Ausgrabungen in Deutschland, Teil 2 (1975)
Fig. 9: nach M. Stenberger u. O. Klindt-Jensen, Vallhagar (1955)
Fig. 10: nach M. Stenberger u. O. Klindt-Jensen, Vallhagar (1955)
Fig. 11: nach M. Stenberger, Ölands forntida borgar (1966)
Fig. 12: nach A. Lundström, Frühmittelalterliche Studien 2, 1968
Fig. 13: nach J. Brøndsted, Nordische Vorzeit, Band 3 (1960)
Fig. 14: nach K. Böhner, Die fränkischen Altertümer des Trierer Landes (1958)
Fig. 15 a: nach L. Lindenschmit, Handbuch der deutschen Alterthumskunde I (1880–1889)
Fig. 15 b: nach J. Werner, Katalog der Sammlung Diergardt I (1961)
Fig. 15 c: nach H. Stoll, Die Alamannengräber von Hailfingen in Württemberg (1939)
Fig. 16: nach K. Böhner, Die Fränkischen Altertümer des Trierer Landes (1958)
Fig. 17: Rheinisches Landesmuseum, Bonn
Fig. 18: nach C. Engelhardt, Vimose Fundet (1869)
Fig. 19: Foto Domausgrabungen Köln, W. Schneider
Fig. 20: nach C. Engelhardt, Nydam Mosefund (1865)
Fig. 21: nach K. W. Struve, Offa 30, 1973

Fig. 22: Holle Bildarchiv, Baden-Baden

Fig. 23: nach W. Holmqvist und K.-E. Granath, Helgö-den gåtfulla ön (1969)

Fig. 24: nach K. Böhner, Die fränkischen Altertümer des Trierer Landes (1958)

Fig. 25: nach R. Forrer, Reallexikon der prähistorischen klassischen und frühchristlichen Altertümer (1907)

Fig. 26: Foto Nationalmuseum Bukarest und nach Vorlage vom Verfasser

Fig. 27: nach B. Salin, Die altgermanische Thierornamentik (1935²)

Fig. 28: Holle Bildarchiv, Baden-Baden

Fig. 29: Holle Bildarchiv, Baden-Baden

Fig. 30: nach O. Montelius, Vår forntid (1919)
nach E. Graf Oxenstierna, Die Nordgermanen (1957)

Fig. 31: Foto Nationalmuseum, Kopenhagen

Fig. 32: nach C. Engelhardt, Vimose Fundet (1869)

Fig. 33: Foto ATA, Stockholm

Fig. 34: nach Vorlage vom Verfasser

Fig. 35: Holle Bildarchiv, Baden-Baden

Fig. 36: nach Vorlage vom Verfasser

Fig. 37: nach Vorlage vom Verfasser

Fig. 38: nach Vorlage vom Verfasser

Fig. 39: nach Vorlage vom Verfasser

Fig. 40: nach R. Pirling, in: Ausgrabungen in Deutschland, Teil 2 (1975)

Fig. 41: Holle Bildarchiv, Baden-Baden

Fig. 42: nach L. Lindenschmit, Handbuch der deutschen Alterthumskunde I (1880–1889)

Fig. 43: Hirmer Fotoarchiv, München

Fig. 44: Holle Bildarchiv, Baden-Baden

NACHWEIS DER FARBABBILDUNGEN

Abb. 1: Holle Bildarchiv, Baden-Baden
Abb. 2: Holle Bildarchiv, Baden-Baden
Abb. 3: Holle Bildarchiv, Baden-Baden
Abb. 4: Holle Bildarchiv, Baden-Baden
Abb. 5: Foto vom Verfasser
Abb. 6: Holle Bildarchiv, Baden-Baden
Abb. 7: Römisch-Germanisches Museum, Köln
Abb. 8: Foto von C. Schaffernicht
Abb. 9: Holle Bildarchiv, Baden-Baden
Abb. 10: Foto vom Verfasser
Abb. 11: Foto von C. Schaffernicht
Abb. 12: Holle Bildarchiv, Baden-Baden
Abb. 13: Holle Bildarchiv, Baden-Baden
Abb. 14: Holle Bildarchiv, Baden-Baden
Abb. 15: Holle Bildarchiv, Baden-Baden
Abb. 16: Foto vom Verfasser
Abb. 17 und Umschlag: Holle Bildarchiv, Baden-Baden
Abb. 18: Holle Bildarchiv, Baden-Baden
Abb. 19: Foto vom Verfasser
Abb. 20: Holle Bildarchiv, Baden-Baden
Abb. 21: Foto vom Verfasser
Abb. 22: Holle Bildarchiv, Baden-Baden
Abb. 23: Foto vom Verfasser
Abb. 24: Holle Bildarchiv, Baden-Baden
Abb. 25: Holle Bildarchiv, Baden-Baden
Abb. 26: Holle Bildarchiv, Baden-Baden
Abb. 27: Holle Bildarchiv, Baden-Baden
Abb. 28: Holle Bildarchiv, Baden-Baden

Abb. 29: Holle Bildarchiv, Baden-Baden
Abb. 30: Holle Bildarchiv, Baden-Baden
Abb. 31: Foto vom Verfasser
Abb. 32: Foto vom Verfasser
Abb. 33: Holle Bildarchiv, Baden-Baden
Abb. 34: nach W. und L. Lindenschmit, Das germanische Todtenlager bei Selzen (1848)
Abb. 35: nach W. und L. Lindenschmit, Das germanische Todtenlager bei Selzen (1848)
Abb. 36: Holle Bildarchiv, Baden-Baden

REGISTER